文通天下

突 破 认 知 的 边 界

长卿 ——

控局

经世致用的古代智慧

光明日报出版社

图书在版编目（CIP）数据

控局：经世致用的古代智慧 / 长卿著 . -- 北京：
光明日报出版社，2024.5（2024.9 重印）
ISBN 978-7-5194-7946-6

Ⅰ .①控… Ⅱ .①长… Ⅲ .①成功心理－通俗读物
Ⅳ .① B848.4-49

中国国家版本馆 CIP 数据核字 (2024) 第 090913 号

控局：经世致用的古代智慧

KONG JU: JINGSHI ZHI YONG DE GUDAI ZHIHUI

著　　者：长　卿

责任编辑：孙　展　　　　　　　　　　责任校对：徐　蔚

特约编辑：王　猛　　　　　　　　　　责任印制：曹　净

封面设计：李果果

出版发行：光明日报出版社

地　　址：北京市西城区永安路 106 号，100050

电　　话：010-63169890（咨询），010-63131930（邮购）

传　　真：010-63131930

网　　址：http://book.gmw.cn

E － mail：gmrbcbs@gmw.cn

法律顾问：北京市兰台律师事务所龚柳方律师

印　　刷：河北文扬印刷有限公司

装　　订：河北文扬印刷有限公司

本书如有破损、缺页、装订错误，请与本社联系调换，电话：010-63131930

开　　本：170mm×240mm　　　　　　　印　　张：16

字　　数：172 千字

版　　次：2024 年 5 月第 1 版

印　　次：2024 年 9 月第 2 次印刷

书　　号：ISBN 978-7-5194-7946-6

定　　价：58.00 元

世事如棋，局势千变万化。在这纷繁复杂的世界中，每个人都身处于或大或小的局势之中，有的人在其中随波逐流，有的人则能够掌控局势，游刃有余。那么，什么样的人能够控局呢？他们又是如何做到的呢？这正是本书所要探讨的核心问题。

控局，看似是一种高超的技巧或本领，其实更是一种生活智慧和人生哲学的体现。控局不仅仅是在某一特定时刻或特定场合下对局势的把握和操控，更是一种对人性、对世事的深刻洞察和理解。只有真正把握了人性的复杂性和世事的变幻莫测，才能够在复杂多变的局势中立于不败之地，成为真正的控局高手。

中国历史上，能纵身入局者甚众。他们或许不是位高权重的帝王将相，但他们的智慧和谋略却足以影响整个时代的走向。这些优秀的人物，无论是诸葛亮的"运筹帷幄之中，决胜千里之外"，还是刘伯温的"料事如神，未卜先知"，他们都以自己的方式，在历史的舞台上留下了浓墨重彩的一笔。

通过学习他们的故事，研究他们的话术、谋略，我们能够提升自己的见识和本领，更好地理解控局的奥秘。同时，我们也需要明白，控局并不是一种高不可攀的技巧，而是每个人都可以通过学习和实践来掌握的能力。只要我们能够洞察人性的弱点，了解世事的规律，就能够在关键时刻做出正确的决策，掌控局势的发展。

控局最根本的要义是在把握人性、洞察世事的基础上解决问题。生活中，每个人都会遇到各种各样的问题，但不同的解决方法会造成不同的结果。有些人遇到问题会选择逃避或抱怨，而控局高手则会冷静分析，寻找问题的根源，并采取有效的措施来解决问题。他们懂得如何调动各种资源，如何协调各方面的利益，以达到最佳的效果。

一件件小事联结起来，最终成就不同的人生高度。控局高手之所以能够在人生的道路上走得更远、更高，正是因为他们能够在关键时刻掌控局势，化解危机，为自己创造更多的机会和可能性。

本书正是基于这样的理念而写成。我们希望通过带领大家学习历史上优秀的人物故事，剖析他们的布局技巧，或吸取失败案例的教训，让大家能够从中汲取智慧，提升自己的控局能力。我们希望通过这本书，让每个人都能够成为游刃有余的控局高手，跳出局面的浅层表象，看到更深层次的本质和规律。

古往今来，控局者都可以操纵时局，成就对自己更有利的局面。但控局并非一蹴而就的易事，它需要长期的积累和实践，需要不断地学习和反思。在阅读古代经典故事、总结前人经验之言后，我们又会发现，万变不离其宗，控局看似玄妙，其实完全有章法可循。只要我们掌握了其中的精髓和要领，就能够在人生的道路上越走越宽广，越走越顺畅。

前人之述备矣，本书旨在为大家提供一个学习和借鉴的平台，让大家能够从中领略众家之所长，最终内化为自己鱼跃龙门的基石。我们相信，只要大家用心去学习、去实践，就一定能够在人生的舞台上成为主角，掌控自己的命运。而控局高手，正是那些能够在复杂多变的局势中保持清醒头脑、做出正确决策的人。他们用自己的智慧和勇气，书写着属于自己的传奇故事。

让我们一起翻开这本书，开始一段关于控局的探索之旅吧！

目录

第三章

沟通术：语言有技巧，控局有依托

第四章

修心：唯有内心强大，才能掌控局势

第五章

见识：在历练和阅世中练习控局

第六章

赋能：掌控人生的关键能力

第七章

共赢：以合作的方式助力高端控局

第八章

运筹：智者从来不惧逆风局

1

大局观：
控局高手都
有全局思维

1.勿较一时输赢，勿看短期效果

古话说得好："退一子而窥全局，登峻岭而观天下。"这句话是劝诫大家为人处世，一定要保持长远的目光。人们常常是看清脚下的路比较容易，想要做到目光长远却很难。真正有智慧的人，不会计较一时、一地的得失与成败，因为他们心里清楚，眼下的优势并不代表最终的结局。一个人要想走得更远，必须提升自己的格局，做事情不能只看短期效果。

在许多戏曲、小说等文艺作品中，鲁肃都被刻画成了一个平庸愚笨的无能老好人形象，但是历史上真实的鲁肃其实是位智勇双全的豪杰人物。《三国志》里说鲁肃"体貌魁奇"，还学了一身武艺，后来与孙权会面，提出了有名的"榻上策"。由此可以看出，鲁肃具有极为长远的战略思想意识，与诸葛亮"英雄所见略同"。

鲁肃出身于豪门望族，家境殷实，放在今天可以说是妥妥的高富帅。虽然富有，鲁肃却并不是一个贪图一时享乐的人，反而乐善好施，常常救济别人。慷慨大方、仗义又豪迈，这样一个讲义气的大哥身边很快就聚集了一大帮"小弟"，鲁肃还常常带着这些小弟习武射猎，点兵演练，颇有风范。对于鲁肃的行为，族中的父老都嗤之以鼻，纷纷指责他不务正业。但没想到，时局很快变得混乱，汉朝末年，贼人横行，许多富豪家庭都被强盗盯上，后被洗劫一空。而鲁肃家族由于有他的远见卓识和以往的善心善行做铺垫，立马就把小弟们收编，组成了一支家族武装队伍，让惦记他们家财富的盗贼和土匪不敢轻举妄动。

时间一长，鲁肃的名声就被打响了，很多人都想来与他结交，周瑜便是其中的一位。由于军中缺粮，又素来听闻鲁肃的善意之举，周瑜便带人登门拜访，试图请他资助一些粮食。此时的鲁肃家中刚好有两囷粮，各三千斛，周瑜刚开口说明来意，鲁肃便应允，将其中一囷粮赠与了周瑜。虽然付出了一半的存粮，但却收获了真挚的友情，也成就了一段"指囷相赠"的佳话。

《三国志》记载，鲁肃这次的"暂时付出"，彻底改变了他的命运。后来，鲁肃经周瑜引荐，成了孙权的座上宾，开始在历史画卷上挥毫泼墨。

建安五年（200年），孙策被刺杀，18岁的孙权上位，独领江东。当时群雄环视、内乱迭起，年轻的孙权十分忧虑。鲁肃却前瞻性地为孙权指明了局势："汉室不可复兴，曹操不可卒除。为将军计，惟有鼎足江东，以观天下之衅。……剿除黄祖，进伐刘表，竟长江所极，据而有之，然后建号帝王以图天下，此高帝之业也。"这番清晰的规划，给孙权带来了极大的震撼，对孙吴的未来发展有着巨大的战略意义。谈笑间局面逆转，一时间柳暗花明，直至多年后，孙权称帝祭天，还感慨道："昔鲁子敬尝道此，可谓明于事势矣。"

赤壁之战过后，刘备意图借取荆州，于是亲自来到建业拜会孙权。对于刘备此番"自投罗网"，孙吴战队中有人向孙权提议借此机会扣押刘备，但是鲁肃却反对道："初临荆州，恩信未洽，宜以借备，使抚安之。"鲁肃支持刘备借荆州，是经过深思熟虑、立足全局做出的考量。其目的就是进一步巩固孙刘联盟，壮大势力，阻断曹操的南下之路。后来，孙权听取了鲁肃的建议，将荆州借与刘备。但刘备在平定益州后，不肯归还荆州，还给关羽增派人手，防备孙吴进攻。由于孙刘的疆土边界不明，犬牙交错，以及"借荆州"的历史原因，导致双方摩擦频生，关系十分紧张，联盟一度几乎要破裂。

此时的鲁肃没有被短暂的矛盾蒙蔽，而是一以贯之地顾全大局，他不愿孙刘决裂而让曹操趁机而入，便提出要关羽

"单刀赴会"。会面后，鲁肃以大义相责："国家区区本以土地借卿家者，卿家军败远来，无以为资故也。今已得益州，既无奉还之意，但求三郡，又不从命。"面对关羽这位虎将，鲁肃依然慷慨陈词，据理力争，丝毫不见胆怯和退让，让一向骄傲的关羽也哑口无言。这次会面后，双方约定：以湘水为界，平分荆州，孙刘两家摒弃前嫌，继续守望相助。可以说，孙刘在合作期间大小摩擦一直不断，之所以能维持关系不破裂，全仰仗顾全大局的鲁肃在中间不断调和，才能基本保证总体一致对外。

要想掌控全局，就不能只争一时的输赢，计较短期的效果，必须目光长远、顾全大局，有的人无法打破一时的思维壁垒，结果被困在狭窄的方寸之间，有的人却能跳出局限，重新开启一段美丽人生。要想自如地掌控局面一定离不开长远的谋篇布局，因此，更要多阅读、多经历、多感悟，培养自己从多层面、多角度思考和理解问题的能力，这样才能跳出事物本身，看得更远。只有不断地积累知识与经验，才能在掌控全局的时候更有大局观，做出更合理的预判，更好地顺应趋势，从而解决问题。只有充分运用大局观去看待问题，用清晰的认知去分析，才能游刃有余，纵横捭阖。也只有这样，才能将命运牢牢掌握在自己手中，不断迈向人生的更高峰。

2. 做人能进能退很重要

王阳明曾说："一起一伏，一进一退，自是功夫节次。"正如对弈者棋局到中盘，往往更加难分难解，在这进与退之间，往往就会产生万千变化——也就是所谓的决胜点。《论语》亦有言："用之则行，舍之则藏。"意思是被任用时可功成名就，不被任用时又能以善终身退，这才是圣人、高人。遇到合适的机缘，就能像飞龙般鹏程万里；环境恶劣时，也能像游蛇般匍匐前进，以极低的姿态暂避锋芒，韬晦于平凡。人只有"知进退""能进能退"，才能在复杂多变的社会环境中保全自己，并实现自己的理想抱负。一直退缩，会把自己逼入狭窄的墙角，最终无路可退；一味冲锋陷阵，又容易深陷敌腹，有去无回。只有能进能退，明识深浅，懂得取舍，方能长盛不衰。

黄权年轻的时候是巴西郡的一名低级官员，后来承蒙益州最高级别行政长官刘璋赏识，被召为主簿，这相当于今天秘书长一级的官职。黄权是一个非常有远见的人。当时，刘璋准备引刘备入川，意图与之联合抵御汉中的张鲁，对此黄权提出了非常明确的反对意见。他说："刘备抱负远大，有骁勇的声名，以后如果将他看待成下属，恐无法长久压制，也不符合他的心愿，如果待他如座上宾，那一国亦无二主，这样看来，主人的地位岌岌可危呀！"但这时的刘璋被刘备蒙蔽了心神，不仅不听黄权的忠言，还把他外放到广汉当县令。

刘备入川后，果然意图夺取益州。当刘备的大军逼至广汉时，黄权紧闭大门，坚决不投降，后来主公刘璋率众投降，黄权只得跟从。刘备将刘璋安排到荆州，慢慢地将他边缘化。而面对黄权，刘备却很欣赏，大力赞扬他的志节和才智，并将其封为偏将军。建安二十年（215年），曹操向南扩张，直击张鲁。这时，黄权向刘备进言道："汉中就是蜀地的四肢，如果汉中被曹操攻下来，那我们就要置身于危险之中了。"刘备认为黄权目光卓远，又晋封他为中护军。再后来，刘备攻破巴郡，发动汉中之战，于定军山斩杀夏侯渊，最终占领汉中。这一切，都离不开黄权在背后操盘。

章武元年（221年），刘备正式称帝，并意图讨伐东吴。但这个行为在黄权看来却略显轻率。当时蜀汉军队在上游，是顺流而下，如有闪失，不易撤退。因此，他申请率领前锋先进行一波试探性的进攻，而出于安全考量，让刘备坐镇大后方，而后视时机开展行动。这一次，刘备没有听取他的建议，而是安排他做镇北将军，率领江北军队，随时探查曹魏的动向，以防止自己进攻东吴时腹背受敌。

历史证明了黄权的远见，刘备在夷陵遭到火攻，一败涂地退至白帝城，而此时，黄权回蜀地的路也被吴军切断。经过深思熟虑，黄权选择了投降曹魏，相较于投降仇敌东吴，这已经是黄权能做出的对蜀汉伤害最小的选择。

蜀汉大军得知黄权的行为后，便有人向刘备进言，要将黄权的家人抓起来，刘备却说："是我辜负了黄权，而不是黄权辜负我。"于是，依旧善待黄权的家人。

而曹魏方面，曹丕问黄权道："你现在是在效仿贤人韩信、陈平，欲舍弃刘备，而归顺我吗？"黄权回答说："我深受刘备的隆恩，是出于无路可走才投降的，而且败军之将，又怎么能与前朝贤人相提并论呢？"

曹丕听闻此言，认为黄权不仅有将才，还内心温厚，故任命他为镇南将军，并封为育阳侯，加侍中。而在那个时候，只有对极为看重的臣子才会加侍中衔，由此可见曹丕对黄权的器重。

后来，一度有传言称刘备诛杀了黄权在蜀中的家人，曹丕以此来问黄权如何应对，黄权说："我已表明志节，而此事情况尚不明朗，还是等更多消息来报吧！"后来果然传来确切消息，黄权的判断没错，此后，曹丕越发看重黄权，并认为他格局不凡。

魏明帝曹叡登基后，也十分看重黄权。景初三年（239年），黄权被提升为车骑将军，是位比三公的职位、大将军，黄权有文韬武略，十分不凡，对治理民政亦有研究，每每面对询问，都能应答如流，并屡屡获得嘉奖、表扬。后来司马氏上台掌权，他依然能在朝堂上保有地位。

正始元年（240年），黄权病逝，魏王曹芳命人建祠堂纪念他。在那个纷争迭起的三国时代，大将被俘虏，下场常常是家破人亡，身败名裂。如于禁、糜芳，虽然能活下来，但却终生陷于耻辱之中，最终郁郁而亡。但黄权一直颇受尊崇，全身而退，这不仅仅是因为他有着极佳的治世之才，还因为他识大体，知进退，明深浅，懂取舍，最终得以安享晚年，"赢得生前身后名"。

其实，知进退就是结合环境的实时变化和自身实力、综合素质做出或进或退的考量和决定。知进退，不仅是一个人良好涵养的体现，而且无论是前进还是后退，都是一种智慧的体现。打开眼界，拓宽认知，提升格局，就能更加淡然地面对生命旅程中出现的挑战和困境。如何进、如何退是一种技术手段，何时进、何时退更是一门拿捏处事火候的艺术。由于事物的发展都是曲折变化的，所以进或退本都是世事常态，因此，必须做到有边界、有思想、识大体、知进退，并把握进退，把握一张一弛间的攻守相望，才更能为自己的人生开辟出不凡的新天地。

3.高调做事，低调做人

诸葛亮曾说"不傲才以骄人，不以宠而作威"，以此告诫人们不要因为比别人能力更高，懂的知识更多，就目中无人，盲目自大。要知道谦虚使人进步，只有以谦逊的心态低调做事，才更易获得成功和取得别人的尊重与青睐。同时，也不能因为自己是交际圈中的宠儿，就到处作威作福、欺压他人，这样非但不能成事，还会受到来自多方面的无情打压。放低姿态，低调做人，不仅仅是一种谦虚、谨慎，更是为稳健的人生一步步迈向成功做出的准备和铺垫。需要抬头做人的时候就看准时机、果断出击，而需要低头、弯腰的时候，就韬光养晦、低姿态做事，因为只有蛰伏度过寒冬后，才知梅花香自苦寒来。弯腰并不代表失败，低头也不是耻辱，只有胜不骄、败不馁，才能赢来最终的成功。

如果说三国群雄中最大的赢家，一定绕不开后起之秀司马懿。而他的成功，离不开他开局的低姿态与转机出现时的敏锐判断。也就是说，遇见变数时，他既能保持低下头，又能及时挺直腰板，这样，才能在起起伏伏中大浪淘沙，最终收获真金。

司马懿是士族世家出身，他的高祖父司马钧在汉安帝时期曾做过征西将军，曾祖父司马量官至豫章太守，祖父司马儁曾任颍川太守，父亲司马防曾任京兆尹，放在今天就是首都市长。毫无疑问，含着金汤匙出生的司马懿自幼就身份尊贵。汉朝末年，内乱、纷争迭起，许多身怀远大抱负的人都自立门户，想建立一番丰功伟业，司马懿却不愿意冒这个头。建安六年（201年），彼时还是司空的曹操听闻司马懿有才能，便想召他来做官，但被司马懿以风痹症为理由推脱。晚上曹操派人来刺探，发现司马懿躺在床上一动不动，像真的有病一样。这是司马懿第一次暂避锋芒，他拒绝了一个从政的机会，因为他深知时机尚未成熟，而且在乱世展露才华，稍有不慎就会招来杀身之祸，故低调行事，坚持自我保全为上。一直到七年后，曹操已官至大丞相，在朝堂上享有绝对的话语权，他又向司马懿递来了橄榄枝，这次司马懿没有推脱，欣然赴任。

在司马懿政治仕途的最初十年里，他一直出任的是参谋性的官职，如丞相主簿、黄门侍郎等等。这也是曹操十分敏感多疑，对司马懿还不够信任导致的。一方面，曹操热衷于将能人纳入自己的团队，另一方面，他也要把想借助他的资源发展壮大自身力量、有可能威胁到他的能人及时消灭。简言之，曹操既要利用司马懿的聪明才智，又要防止他成长为竞争对手。司马懿也知道曹操对自己世家"顶流"这个身份有所忌惮，因此他既在适当的场合为曹操出谋划策，同时又时刻保持谦虚谨慎，低调做人。但这并不代表司马懿没有建树，他与曹操的儿子曹丕私交甚笃，并把曹丕作为自己仕途道路上取得发展的重要投资。后来，司马懿还参与辅助曹丕称帝，并收获丰厚回报。司马懿被任命为尚书，后转督军、御史中丞，爵封安国乡侯。一直到曹丕之子、魏明帝曹叡的时代，司马懿一直都是恪守本分，弯腰低头，低调做人。因为他知道，他的任何轻举妄动，都会使他一直以来的辛苦筹谋顷刻间化为乌有。

一直到景初三年（239年），魏明帝曹叡去世，司马懿和曹爽同时被任命为托孤大臣。曹爽为人一向刻薄善妒，经常依仗自己曹氏宗族的身份，结党营私，对司马懿施行多番压制。在夺取了司马懿的兵权后，又翻出魏武帝曹操"三马食槽"的典故，将司马家族的在仕者及亲信排挤到了政局边缘，并调任他们居虚职。后来，司马懿称病，不再上朝，但曹爽依旧不断派人到司马府上查探，弄得司马一族都十分紧张。不仅对司马懿这番步步紧逼，朝堂之上曹爽也十分跋扈，弄权专政，惹得一众朝臣怨声载道。忍无可忍时便无须再忍，司马懿这头雄狮终于睁开了他假寐的双眼。他暗中拉拢同僚、太后，建立共同对抗曹爽的政治圈子，还在装病的同时命儿子司马师组建死士队伍。最终发动高平陵之变，据史书记载，就连二儿子司马昭，也是在父亲举事前夕才得悉父亲的计划。

魏蜀吴三国逐鹿中原、争雄上百年，最终却是72岁的司马懿抓住机遇，及时出手，一举终结了三国时代并成功开启晋朝。他一直隐忍、蛰伏，就是在等待千载难逢、能达成这惊天一击的机会。他小心翼翼、步步为营，才使得天下归顺于司马氏。

《老子》有言："水因善下终归海，山不争高自成峰。"弯下腰来，放低自己，并不是自我贬损，而是怀着谦卑之意出发，从低处立身，向高处前行。越是有境界、有格局、能掌控局面的人，往往越谦逊、姿态越低，树被成熟果实压弯了腰，果实散落一地，路过的行人也只能弯腰才能拾起。而盲目骄傲自大的人，往往也最轻狂、最无知、最浅薄。由于修为不够，常常是浮躁裹挟着张扬，沉醉于自我满足之中，停滞不前，结果错失了成长的机会。须知人外有人、天外有天，只有怀着放低姿态的格局，有不自夸、不自耀、不自大的气度，才能更快成就自我、行路致远。

4. 放眼全局，更容易解决问题

在这个日新月异的时代，问题和挑战层出不穷，它们往往不再局限于单一领域，而是相互交织、错综复杂。面对这样的现状，我们如何才能洞察问题的本质，找到高效的解决之道？答案就在于放眼全局。这是一种超越局部视野，从宏观角度审视问题的能力，它能够帮助我们在纷繁复杂的局势中找到问题的核心，从而更加精准地制定策略，解决问题。

北宋时期的范仲淹，正是凭借这种全局观念和深邃的洞察力，成功地解决了一次又一次危机。他的政治智慧和治国理念，至今仍为我们提供了宝贵的启示。

范仲淹是北宋著名的政治家、思想家、军事家和文学家，世称"范文正公"。他为政清廉，刚直不阿，体恤民情，但屡遭奸佞诬谤，曾数度被贬。他最出名的那句"先天下之忧而忧，后天下之乐而乐"，不但反映了他大公无私、家国为先的情怀，也反映了他出众的办事能力。

庆历新政后，范仲淹想要继续推进改革，但是遭遇了很大的困难。为了回避官僚士大夫之间的内部争斗，范仲淹自请外放，相继到邓州、杭州一带任职。皇祐二年（1050年），杭州迎来了百年一遇的大灾荒，很多人都被活活饿死了。而这时范仲淹正任杭州太守，他巧妙地带领灾民渡过难关。《梦溪笔谈》中记载："皇祐二年，吴中大饥，殍殣枕路，是时范文正领浙西，发粟及募民存饷，为术甚备。"

当时有存粮的地方有三个：首先是寺庙，寺庙常年租给百姓大量的寺田，因而囤积了不少粮食。其次是富户，最后就是官仓。问题在于，富户都趁着饥荒抬高粮价，对饥民们来说就是雪上加霜。至于官仓的粮食，没有朝廷的命令，地方官没有权限开仓放粮接济饥民。

面对这个局面，范仲淹有针对性地各个击破，分别解决饥民的问题。首先，号召各大寺庙住持扩建庙宇，饥荒年代，劳动力格外便宜，但好歹这些劳动力一家老小能有饭吃。第二，翻修官衙、公仓等公共设施，这样一来使用官仓粮食就有了合理的理由。最后，他还宣布要抬高米价，一时间，很多人感到疑惑不解，非议不断，甚至有人说范仲淹是以权谋私。

其实，这次杭州一带发生饥荒，很大一部分原因是供不应求。范仲淹抬高粮价后，周边的商人都将粮食运入了杭州一带。商贩运粮入杭州，自然正中范仲淹的下怀。等到大量粮食一下子涌进了杭州，杭州市面上的粮食储备大大增加后，范仲淹又宣布降低米价，但商人已经将粮食运来，山高路远，运费又贵，结果米价甚至跌落得比以前还低。

范仲淹高瞻远瞩，他很清楚这一轮灾情是供与求之间的关系出了问题。此次灾荒不是整个大宋都缺粮，而是小部分地区缺粮。之所以有人吃不饱饭，是因为商人们囤积居奇，他不能用自己的权力去打击这些有官僚背景的商人们，唯一的办法就是改变市场的供求关系。

当粮食供不应求时，商品价值自然会上涨，反过来，当供求关系颠倒过来，粮价也必然会跌落，饥荒的问题也就迎刃而解了。当然，在供求关系没有转变之前，他及时采取"以工代赈"的办法，兴修工程，收留灾民，才避免了灾难进一步扩大。

因此，这一年两浙地区的灾情虽然严重，但杭州的社会治安却控制得很好，这是因为范仲淹的一系列得当举措。由此可见，范仲淹不仅是政治家，也是优秀的经济学家，他深谙人性，利用了商人唯利是图的心理，反其道而行之，没用朝廷拨款，就从根本上解决了饥荒的问题。

从故事中可以看出，范仲淹在面对杭州罕见的大灾荒时，没有局限于眼前的困境，而是站在全局的高度，深刻分析了造成灾荒的根本原因。他认识到，此次的灾荒并未波及全国，而杭州一带的灾荒实质是供需关系的失衡，以及商人们的投机行为。因此，他采取了一系列创新的措施，如号召寺庙扩建、翻修公共设施以及调整米价，这些措施不仅解决了眼前的粮食短缺问题，还从根本上改变了市场的供求关系，最终成功地控制了灾情，避免了灾难的进一步扩大。

范仲淹的这一系列举措，充分体现了放眼全局解决问题的重要性。他没有简单地开仓放粮，而是通过一系列精心设计的策略，调动了各方资源，激发了市场机制，最终实现了灾民的自救和经济的恢复。这种全局观念和系统思维，不仅在当时取得了显著成效，也为后世提供了宝贵的经验。

在今天，当我们面对各种复杂的社会问题时，更应该学习范仲淹的这种全局观念，通过深入分析问题的根源，采取综合性的措施，从而实现问题的全面解决。只有这样，我们才能在不断变化的世界中，把握机遇，应对挑战，推动社会的持续发展和进步。

5.团队发展离不开顶层设计者

在团队的发展过程中，顶层设计者扮演着至关重要的角色，是激发团队创新和突破的灵魂。他们往往具备卓越的想象力和创造力，能够将优于常人的观点和思路转化为实际的策略或指令。同时，他们也能够洞悉用户的真正需求和局面的走向、趋势，从而为团队带来全新的视角和解决方案，为团队发展提供更有意义的思路和灵感。如果顶层设计者还能具备良好的沟通能力和团队合作精神，能与其他团队成员紧密合作，共同探讨和解决问题，必将有力地促进整个团队的协同创新，带领团队迈进新的历史篇章。

赵普是五代至北宋初年较为著名的政治家，是北宋王朝的开国元勋，也是赵匡胤赖以起家的团队中的顶级智囊。整个北宋的建立及其相关运行机制的制定，赵普都曾参与。在某种程度上，两宋前后共计300余年的时间，几乎都是沿用赵普在宋代初期所定下的政治结构。

后周显德年间，赵普在永兴军节度使刘词手底下做幕僚。刘词因病去世后，没过多长时间，他就来到赵匡胤的麾下，处理司法方面的工作。为使赵匡胤登上皇位，赵普做出了很多部署和安排。

显德七年（960年）正月元日，朝廷接到了一份情报，得知契丹与北汉准备联手偷袭朝廷。在没有核实具体情况的前提下，宰相范质就盲目安排赵匡胤出征。正月初三，赵匡胤率领军队到了开封东北40里地左右的地方，在陈桥驿做整顿休息。当天晚上，赵普让赵匡胤的亲信们散布这样一种言论，说："皇帝如今十分年幼，无法亲政，我们今天拼死战斗，谁又会记住我们？不如改立赵匡胤为皇帝，之后还可以得享富贵。"史称"陈桥兵变"。

由于一切安排妥当，赵匡胤一路顺利，进入都城内殿。在得到赵匡胤做出的一定会保全幼年周恭帝的承诺后，宰相范质安排举行了禅位仪式。

之后，北宋立国。赵匡胤任命赵普为谏议大夫、枢密直学士，一跃成为皇帝非常看重的文臣。赵匡胤夺取了后周皇权，义成军节度使李筠率先表示反对，并联合北汉皇帝刘钧出兵讨伐赵匡胤。这时，赵普再次为赵匡胤出了一个好计谋，即派宋军大将石守信和慕容延钊出兵，从两路出击，共同攻打李筠。后来，在泽州高平县（今山西省高平市），李筠失败，光被执行斩首的士兵就有3000人之多。在泽州城南，赵匡胤和石守信的大军一举击败了李筠的军队。李筠坚持守城，城破后选择自焚。这边李筠的叛乱被压制后不长时间，原后周淮南节度使李重进又在扬州发动了反叛。面对这场反叛，赵普说："淮南没什么有力的外援，内部也没有足够的粮食储备，李重进自己也并不得民心，建议速战速决。"结果又是赵匡胤赢得了胜利。

唐朝末年以来的几个朝代，后梁、后唐、后晋、后汉、后周五朝轮替，都是因为军队将领成功上位。当时有句话说："天子宁有种耶，兵强马壮者为之耳。"

赵匡胤就是其中最明显的例子。怎么样才能改变这种局面，成就长久稳固的江山呢？对此，赵普亦有办法，他提出著名的12字方针：削夺其权，制其钱粮，收其精兵。赵匡胤听了以后不停地赞叹，之后，便有了史上著名的"杯酒释兵权"。

赵匡胤把随之起家的石守信、高怀德、慕容延钊等握有重兵的大将的兵权都收了回来，之后赐给他们宅田美婢，让他们回归平凡的生活。这样一来，就避免了重蹈历代开国后皇帝残杀功臣的覆辙。

其实，杯酒释兵权只是表面现象，要想深入解决此类问题，必须建立平衡的分权机制：从朝廷的角度来讲，让参知政事、枢密使与三司使共同分担制衡宰相的权力，从地方的角度来讲，提拔文官、文职，用以代替武职，让文官的地位在军队将领之上；设置知州及通判等行政官员，下达重要的命令或指令要由这两个官员共同签署；通判要及时向皇帝传递消息，同时还要监督知州开展工作。此外，将更勇猛的士兵收编到禁军队伍中来，这就使得皇帝直属、直接指挥的禁军，在素质上完胜地方军队，即没有一支地方队伍能在与皇家禁军抗衡的过程中取胜，这也就是所谓的"强干弱枝"。

赵普在宋太祖、宋太宗两朝三度为相，有极高的地位和极大的话语权，与这两位皇帝相处得好似兄弟一般。他不仅仅是赵匡胤建立宋王朝的第一谋臣，也是王朝政治规划的重要策划人，他参与了国家大政方针大部分重要计划的颁布和实施，并成功助力了大宋朝开国的鼎盛景象，简直可以说是大宋开国团队中的顶层设计者。

作为团队发展中不可或缺的要素，顶层设计者扮演着关键的角色。他们的创造力和想象力是团队创新的源泉，他们的专业知识和技能更是团队发展的基石。顶层设计者不仅拥有敏锐的洞察力、创新的思维和丰富的经验，能够准确把握行业发展趋势和用户心理，为团队带来创新的解决方案，还能够独立思考和创造，与团队成员密切合作，共同推动项目的进展。他们善于倾听和理解他人的意见和反馈，并能够巧妙地整合各种意见，形成更好的处理方案。顶层设计者还要具备勇于探索和学习的精神，不断追求更高的标准和更卓越的作品。总之，顶层设计者是团队不可或缺的动力和灵感，他们以独特的才华和能力为团队注入新活力，为团队发展提供了无尽的可能性。没有他们的辛勤努力和卓越才华，团队就不会取得成就和进步。

6. 高手下棋总是 "正负兼顾，照应满盘"

  喜欢下棋的人，没有不想赢得胜利的。但不同的人在下棋时的筹谋不同、布局不同，成就棋局的万千变化，最后导致结果的不同。细细观察就会发现，控局高手下棋往往每走一步，都会关注左右，兼顾前后，而新手却常常只顾眼下，走一步，看一步。看得长远自然可以走得更长远，目光短浅则不太可能行"万里路"。

  人生棋局亦是如此。但在具体对弈时，由于每个人的眼界、格局和思路不同，结果也因人而异。有的人做事很少会预测未来，有的人则会基于对自己的了解和计划，预判自己今后数年甚至更长久的发展情况，从而做出最适合当下的选择或安排。

  人生当然应该精打细算，每走一步都有可能影响未来的发展和收获，选择不对，就有可能"竹篮打水一场空"。所以，不要过分关注眼前，学会顾及前后，多看几步，才能走得更长远。

秦末，刘邦率兵攻入咸阳，百官和各路军将领都纷纷奔向宫殿，争抢美女和金银财物。只有萧何跑去了相府，把全国的地理图册、户籍档案和各种律令条文偷偷藏了起来。后来刘邦和项羽争夺天下，就是依靠这些典籍，才对天下形势有了较为充分的了解，也有了争夺天下的资格和底气。刘邦建立了汉朝，分封百官时，他说："手下的将军都是猎犬，但没上过战场的萧何却是猎人。"发现目标，解开拴狗绳，发出指令的是猎人，猎犬只是执行致命一击的行动，再优秀的猎犬也得靠猎人的指挥才行。由此，萧何解锁了新的身份——助力汉朝建立的第一大功臣。

刘邦的成功，说到底少不了萧何的协助，两人不仅仅是同乡，还是要好的朋友。起初大秦要征萧何进京，萧何不愿意，一直坚守家乡，直到刘邦起兵。到了楚汉交战时，萧何更是充当了"猎人"的角色，指挥"猎狗"出击。而且，由于早有准备，每当刘邦在外领兵打仗，萧何总能将后方安排妥当，无论是政务处理还是粮草补给，从没让刘邦操心过。就这样一路配合，助力刘邦取得了天下。

但是刘邦在成为汉王后，却对萧何心存怀疑，他常常派遣使者去慰劳萧何——其实就是变相的政治考察。萧何很快心领神会，将自己能从军的子侄兄弟纷纷派到刘邦的军营中，为他效力，并表示誓死追随刘邦。实际上这就是萧何以自己家的子弟为质，想要重新获得刘邦的信任，刘邦接到"质子"后非常高兴，从此便不再常常派人打探萧何的情况了。在云淡风轻间，萧何化解了刘邦对自己的怀疑。他既没有显山露水，又没有盲目发泄自己被无端猜忌的委屈，而是从大局出发，站在筹谋全局的立场上，轻松地消解了君主的猜忌，避免了不必要的风波和灾祸的降临。刘邦与萧何的关系同许多君主和开国功臣的关系一样，有的时候十分微妙，看似是刘邦御将有方，实际上全靠萧何打通前后，一番筹谋。所以，在众多为刘邦立下汗马功劳的名臣中，萧何是为数不多的得以善终者。

显然，见识长远的人更容易取得更大的成就，而目光短浅者，往往容易被眼前的蝇头小利所迷惑。这也就是人们常说的"控局者更易成事"。

俗话说"晴带雨伞，饱带干粮"，人生的许多时刻，都需要提前做好准备。让一切尽在掌握之中是一种格局，更是一种担当。生活并不总按常规"出牌"，出现意外情况时，走一步看一步的人，自然不如富有远见的人从容。

凡事提前准备，避免慌乱又留有余地，继而掌控自己的人生，这就是控局。真正的控局高手，往往也不是天赋异禀，只是善于多看一步，顾全前后左右而已。

古人云："明者远见于未萌，智者避危于无形"。人生没有演习，每一次都是现场直播，如果不提前做好准备，就会错失转瞬即逝的机会，或迎面撞上飞来横祸。机会总是留给有准备的人，能未雨绸缪，就不要临渴而掘井。因为人生不只有危机，还有契机，只有思考当下，谋划未来，才能越过危机，抓住契机，成功掌控自己的人生。

特别有智慧的人，常常可以在事情还未显露端倪的时候看到它的未来。这样的人，既可以用较小的付出换取丰厚的回报，又可以预估危险，躲避灾难。可见，一个人做事情不能只考虑眼下利益。真正成就伟业的人，不是细节主义者，而是兼顾左右、照应全局的控局者。只有统筹全局，才能更清楚地知道什么需要舍弃，什么值得争取。

庸者的世界是孤立的、片面的、静止的，智者却能超越时空，全面系统地思考问题。全面布局是控局高手的必备技能，对于人生这盘棋局来讲，我们最先学会的不应是技巧，而应该是布局。只有站在全局角度，以足够的高度审视自己，才能更好地规划自己的人生。只有穿透事物的侧面与片段，穿越时间和空间的维度，才能在复杂的世界里看到更光明的未来。

第二章

社交力：
在纵横捭阖中聚拢人心

1. 如何获取他人的青睐

　　人与人之间为了传递信息、交流思想或共同合作而进行的各项社会活动就叫社交。因此，社交的本质就是价值交换。随着一个人自我价值的逐步提升，社会地位越来越高，那么与之社交的人能提供的价值也就越高。因此，谁能更多地为他人提供价值，解决烦恼、迷茫，谁就会收获更多的青睐和正向的回馈。当人们进入社会就会发现，社交往往就是同等价值的交换，因为人性的本质就是趋利避害。白居易有言："行路难，不在水，不在山，只在人情反覆间。"与人交往是一门充满智慧的艺术，要想获得他人的青睐，好运常伴，就得能提供一定的价值并处事周全，否则就容易吃亏、挨埋怨。获得他人的重视、青睐，也就是持续被需要，会给人带来丰厚的满足感，进而给生活补充源源不断的能量和动力。人际交往是场双向奔赴，当我们收获了彼此的好感，交往也会更加长久。最终，高价值、高情商也一定会丰盈你的人情账户，优质的同路者早晚会成为你生命里的福报。

左宗棠是湖南湘阴人，虽然自幼用功读书，但在中举之后，始终没有取得进一步的成绩。因为他一直注重的是实用之学，而晚清的考试内容依然是八股文。虽不擅长考试，但他却以举人之资，成为"晚清三大名臣"之一，最终成了一代封疆大吏，建立了不世之功。

早年，左宗棠的父亲曾担任过知县，他家是标准的书香门第。自6岁起，他就跟着父亲在长沙念书，相比传统的八股文章，他更喜欢研究经世致用的学问，比如顾祖禹的《读史方舆纪要》、顾炎武的《天下郡国利病书》等等。19岁时，左宗棠父亲去世，在守孝期间，他去拜访了长沙名士贺长龄。贺长龄比左宗棠年长27岁，是二品布政使，但在与左宗棠交谈之后，却连连称赞他为"国士"。贺长龄非常倡导经世致用之学，左宗棠的思想与他不谋而合，因此两人一见如故、相谈甚欢。当左宗棠表示平时缩衣减食也要买书的时候，贺长龄告诉他说："以后不必买书，想读什么随时来我的藏书楼就好。"此后，左宗棠一有空就往贺家跑，不论他想要读哪本书，贺长龄都会慢慢地爬上一级一级的狭窄梯子在书架上找书，为他忙前忙后，取书出来交给这位热爱阅读的年轻人。而当左宗棠还书时，他们又会坐一起品评书中内容，随心所欲、畅所欲言。

道光十一年（1831年），在贺长龄的关照下，左宗棠来到长沙城南书院读书，贺长龄的胞弟贺熙龄是这里的书院山长，同样奉行经世致用之学。城南书院在妙高峰上，是当时湖湘文化的传播中心。贺熙龄比左宗棠年长24岁，早年是翰林出身，后又担任过湖北学政、山东道监察御史等职位。左宗棠只在这里读了一年书，但在此后十余年的时间里二人通信不断，保持着良好的师友关系。

后来湖南巡抚吴荣光创办了湘水校经堂（位于长沙），在贺熙龄的推荐下，左宗棠来到这里读书。吴荣光是封疆大吏，而且也是经世一派的学者。他深以为学子读书只重科考、八股是一种陋习，因此学院内常常讲述通经史，也就是治世之学，并倡导树立新学风。左宗棠在这里学习简直如蛟龙得水，他的学习成绩一直名列前茅，多次获得助学金，"赖书院膏火之资以佐食"。

左宗棠在校经堂自主举办的考试中经常拔得头筹，却在乡试中名落孙山。不过，左宗棠并没有被埋没，时逢道光帝五十大寿，要进一步筛选落榜士子，名为"搜遗"，也就是要把遗落的人才再挑出来。多亏了吴荣光的坚持，这次左宗棠终于荣获了举人的身份。

道光十七年（1837年），两江总督陶澍回乡经过醴陵，机缘巧合下与左宗棠相见，亦相谈甚欢，从此成为忘年之交。转年，左宗棠进京参加会试，拜访陶澍时，陶澍说："将来你也能坐上我的位置"。他还为自己的儿子陶桄求娶了左宗棠的女儿左孝瑜。总督之家向一介布衣提亲，一时之间被传为佳话。由此可见，左宗棠的魅力是何等之大。

当时的江苏巡抚是林则徐，与陶澍一向志趣相投，陶澍多次给林则徐介绍左宗棠，每每提及均是赞赏、美言。待林则徐出任云贵总督，便盛情邀请左宗棠来当幕僚。由于陶澍病逝，左宗棠忙于照顾陶家老小，未能脱身应邀。一直到1850年，林则徐来到长沙，把自己整理的关于新疆的资料交给左宗棠，两人秉烛夜谈。事后，林则徐表示左宗棠是"绝世奇才"，他一定可以整顿大西北。

咸丰二年（1852年），太平军围住了长沙，左宗棠成为湖南巡抚张亮基的入幕之宾。左宗棠辅助张亮基数次击退太平军，围困长沙三个月，太平军最终只得撤兵，无功而返。经此一役，左宗棠名声大噪，由于众多大僚纷纷举荐，咸丰帝最终赐予他四品卿的官衔。此后，左宗棠终于迎来了人生的曙光，从40岁到49岁，左宗棠辗转在张亮基、骆秉章和曾国藩的门下当师爷。但4年之后，他被升任为浙江巡抚，而后，左宗棠历任闽浙、陕甘总督，并在新疆维护了祖国的领土完整，成就了一番雄震千秋的伟业。

由此可见，一个人能否获得他人的青睐，完全是由自身的综合素质决定的，也就是才华、人品和实力交织在一起，最终决定了他是否容易结交到朋友。优秀的人是彼此的磨刀石、试金炉，既可互相验证，又能彼此成就。要想获得他人的青睐，我们自己必须做到自律、上进，同时还要修炼、强化自身的吸引力，提高自己的综合价值。此外，还要及时改正缺点、弥补不足，做一个处事周全的人，并最终依靠自己的努力，丰富自己的内涵，使得大家愿意靠近、愿意陪伴在周围，最终凭实力赢得大家的青睐——这就是"花若盛开，蝴蝶自来"。

2.学会结交正确的人

在各种培训中，人们经常被教导要做正确的事以及正确做事。殊不知，更关键的是正确做人以及结交正确的人。人以群分，和什么样的人交朋友其实非常重要。除了要考虑志同道合，还要有意识地结交比自己更优秀、更成熟的人，以此来提升自己的格局。要清楚地甄别谁是我们命里的贵人，谁能为我们带来更多的好运。如果有足够的机缘、才能和见识，就和兴趣相投的朋友一起把自己想做的事情处理好，如果修为或能力还不够，就找到一个对的人，追随他，跟定他，一起把事情做好。要用聪明和才智把值得结交的陌生人变成熟人，最终变为知己和朋友，用以扩充自己的智囊团。在此期间要虚心学习别人的优点、亮点、强项，在结交中把别人的特长转化成自己的优势。由于现实中免不了要与形形色色的人接触，因此，我们更要学习逐渐看明白世事、看透人心，只有这样，才能明辨是非，筛出合适的领航员和真挚的同路人。只有选对同伴、做对事情，才能最终达成我们的理想和心愿。

管仲，春秋时期齐国宰相，辅佐齐桓公登上了春秋霸主的宝座，被誉为"华夏第一相"。他的辉煌成就，既离不开自身的卓越才能，也得益于一位挚友——鲍叔牙的坚定支持。倘若没有鲍叔牙的无私帮助，管仲即便才华横溢，恐怕也难以在乱世中立足，更遑论名扬四海。

管仲与鲍叔牙都是齐国大夫的后裔，然而他们年轻时的境遇却大相径庭。管仲家境贫寒，生活窘迫；而鲍叔牙则家境殷实，生活无忧。为了谋生，管仲向鲍叔牙提议共同经商。由于资金有限，管仲出资较少，但令人惊讶的是，每当分红时，他总是拿走大部分利润。这引起了众人的非议，尤其是鲍叔牙的手下，他们纷纷指责管仲贪婪。然而，鲍叔牙却不为所动，他深知管仲家中的困境，因此主动将更多的利润让给他。

在多次合作中，管仲曾为鲍叔牙出谋划策，但结果并不尽如人意。面对失败，鲍叔牙并未责怪管仲，反而安慰他说是时机不对，而非主意不佳。管仲曾多次担任官职，但均被罢免，心情低落。此时，又是鲍叔牙鼓励他不要灰心，相信他总有一天会遇到赏识自己的人。

管仲还曾领军作战，但表现并不出色。在战场上，他常常躲避在后方，撤退时却跑得飞快。这种行为让许多人对他嗤之以鼻。然而，鲍叔牙却为他辩解，称他之所以如此，是因为家中有老母需要赡养，并非真的怕死。鲍叔牙的一次次帮助和理解，让管仲深受感动，他感慨道："生我者父母，知我者鲍叔牙。"

后来，管仲与鲍叔牙共同投身政治，成为齐国的重要官员。当时的齐王是齐襄公，他有两个同父异母的兄弟——公子纠和公子小白。管仲预见到齐襄公之后，齐国必将由这二人中的一人继承王位，于是他建议与鲍叔牙分别辅佐他们。于是，管仲成为公子纠的导师，而鲍叔牙则辅佐公子小白。

然而，齐襄公残暴昏庸，导致朝政混乱，公子们纷纷出逃避祸。管仲与公子纠逃往鲁国，鲍叔牙与公子小白则前往莒国。后来，公孙无知杀害齐襄公自立为王，但不久后被大臣们诛杀。此时，公子纠和公子小白成为王位的有力竞争者。

鲁庄公率军护送公子纠回齐国，同时派管仲拦截公子小白。然而，公子小白身边的护卫力量强大，管仲未能成功拦截。情急之下，管仲射出一箭，射中公子小白。管仲以为公子小白已死，便向鲁庄公汇报。得知消息的鲁庄公和公子纠放松了警惕，缓慢前行。然而，公子小白并未丧命，他在管仲一行人抵达齐国边境时已成为齐王，即齐桓公。

鲁庄公大怒，发兵攻打齐国。齐桓公毫不畏惧，率军迎战，最终击败鲁军。鲁庄公败逃回国后，齐国军队乘胜追击。鲁庄公无奈下令处死公子纠并抓捕管仲。鲁国大臣中有人认为管仲才能出众，建议一并处死。然而，齐国使臣向鲁庄公表示，齐桓公对管仲恨之入骨，必须亲手杀之才能解恨。于是，鲁庄公将活着的管仲交给齐国。

管仲被押解到齐国，本以为将面临死罪，却不料鲍叔牙亲自出城迎接，并极力向齐桓公举荐他。

原来，齐桓公正急需贤能之士辅佐，原本打算任命鲍叔牙为宰相。但鲍叔牙却谦逊地表示自己才能平庸，无法胜任重任，并极力推荐管仲。齐桓公听后大为惊讶，质疑道："管仲曾是我的仇人，他试图暗杀我，我怎能重用他？"鲍叔牙解释道："当时管仲效忠于公子纠，自然要为公子纠效力。然而，管仲确实是一位举世无双的奇才。"齐桓公又追问："那他与你相比如何？"鲍叔牙平静地回答："管仲有五点比我强。宽以从政，惠以爱民；治理江山，有条不紊；取信于民，深得民心；制定礼仪，教化天下；整治军队，勇敢善战。"鲍叔牙进一步劝说齐桓公放下旧怨，化敌为友。

齐桓公虽为一代霸主，但也能虚怀纳谏，他最终接受了鲍叔牙的建议，亲自迎接管仲，并以隆重的礼节表示对他的尊重和信任。管仲深受感动，决定辅佐齐桓公。此后，齐国逐渐恢复元气，逐渐崛起为春秋时期的强国。管仲去世后，鲍叔牙接任齐国相国，继续辅佐齐桓公。

自此，管仲与鲍叔牙的友谊，成为代代相传的楷模。

其实，人们都免不了受到朋友的影响，因此更应严格筛选好友，选择能给自己带来积极影响的人做朋友。孔子曾说过："益者三友，损者三友。友直，友谅，友多闻，益矣。友便辟，友善柔，友便佞，损矣。"一个人的交际圈在一定程度上决定了这个人取得的人生建树的高低，选对良性的朋友圈可以重振士气、鼓舞精神，启发、解答人生困惑，最终成为自己坚强的后盾，辅助成就自己的人生。有的人常自卑，认定自己价值低，因而不愿社交，殊不知经验、技术、思维、资源都是一种价值，可以是眼前的，也可以是无形的、长远的。人脉就是在互相利用中达成合作，因此，要善于甄别良师益友，精挑细选出优质人脉，并在良好的分寸感里，在坚实的合作中成就彼此更广阔的未来。

3.融对圈子，实力为尊

一个人能否取得成功，与他所处的圈子、平时交往的同行者的层次有着很大的关系。据说，人们平时最经常接触的5个人综合水平的平均值，就代表这个人自己的水平。由此可见融对圈子的重要性。自古以来，人们就说"道不同，不相为谋"。因此，要想游刃有余地掌控局面，就要在立足整体、兼顾前后的基础上，合理地引导自己的社交圈良性发展。当然，如果自身的修为和素质还不够达到一定的层次，那再怎么费尽心力想要挤进圈子，最终总会发现是白费力气。因为当你的实力还不足以吸引优秀的同行者时，与其在无用的社交上花费力气，还不如努力提升自己，争取逐渐融入更高层级的圈子。近朱者赤，近墨者黑，在一个积极向上的圈子中，每个人都在拼搏、努力，互相推着前进，慢慢就会彼此成就，从而获取更丰厚的价值回报，实现更深层次的自我成长。

　　曾国藩出生于湖南长沙府湘乡荷叶塘白杨坪，家里是一个普通的耕读人家。道光十八年（1838年），曾国藩考中了进士，从这一年起，做了13年京官。在这段时间里，曾国藩每日除了完成分内的公务之外，一有空就维护、扩大自己的社交圈。太常寺卿唐鉴、刑部侍郎吴廷栋、通政司副使王庆云……这些官员有的擅长诗文点墨，有的擅长金石学，有的擅长理学，由于气质相仿，曾国藩和他们常在朝堂之余饮酒小聚。毫无疑问，这一切都令曾国藩为人、为官和学问等方面历练得更为精到，洞悉人性方面更是得心应手，接下来就是要成就一番伟业的时候了。

　　这个机会很快出现了，1851年洪秀全金田起义，太平天国爆发。咸丰二年（1852年），曾国藩母亲去世，按照当时的惯例，他要离职回乡守孝。而此时，太平军已杀至湖南，并已占领岳州，即今岳阳。于是，曾国藩上书请求开展团练，组织乡民们抵抗太平军。被批准后，曾国藩便回到家乡，与时任湖南巡抚的张亮基一起开展大练兵。为了训练出真正勇敢善战的队伍，曾国藩严格控制筛选军官，并有意识地向与他有师生、同乡或同窗关系的读书人进行倾斜，将他们招至军中。他拒绝了很多社会上的闲人来参军，因为他们虽然能一时逞勇，但也十分滑头，并不忠诚，遇到血战容易放弃攻坚。而知根知底的人，能形成更稳固的作战团体。而且，这些人有一定的学识，更能快速理解战略意图。从曾国藩的老乡兼教书先生罗泽南开始，他的学生王鑫、李续宾、李续宜、蒋益澧、杨昌濬、朱铁桥、罗信南等人后来也都陆续进了曾国藩的军营。这些人很多位及湘军大将，有的人还升至督抚。

虽然曾国藩与太平军屡次交手，但在好长一段时间里他都顶着京官侍郎的虚衔在招兵，并未获得实权上的提升。但曾国藩对此毫无怨言，他家门前也依旧车水马龙。因为大家都明白，只有绝对实力才能带来绝对力量。只要你的实力足够吸引人，无论是上司还是同僚、下属，都会积极地加入你的社交圈子。尤其曾国藩，他是何等人也，他有着绝对的大局观、全局意识和自主掌控自己命运走向的实力。他一直有意识地结交各类优秀的、积极向上的同频人才，最终，这番谋划果然反哺了曾国藩。咸丰四年（1854年）十月十四日，湘军夺回了武昌，咸丰帝终于使曾国藩升任为湖北巡抚，至此，曾国藩成了名正言顺的一方大员。

以曾国藩的开局，能有这样的人生走向，这一路走来不知付出多少筹谋与辛苦，属实不易。但关键在于，他既知晓融对圈子的重要性，也明白实力唯尊的道理。凭借社交圈，他在为人、为官和学问等方面得到了历练，组织了听从自己指挥的湘军。而这，正是他壮大自身实力的根基。有了实

力，他就可以加入更强大的社交圈。如此良性循环，终于有
所建树。

其实，所谓圈子就是把不同身份、地位和三观的人区分开
来，从而使人寻找更合适的同路人。和志同道合的朋友在一起，
既有乍见之欢，又能久处不厌，这样才会相处不累，对彼此形成
正能量滋养。与此同时，我们的社交群体、社交圈子也会对我们
产生巨大的影响。纵观曾国藩的一生，可以明白人们社交时的地
位主要是由实力决定的。实力强者，就像公司里销售部的业绩黑
马、策划部的才华担当，会有更受同事尊重的社交地位。而当他
们开始融入更积极、更高级的社交圈子，也会有新的人脉带来机
缘，助其腾飞。当然，树立良好的大局观和纵览全局的意识、态
度也是尤为重要的。全局意识是春天的泥土，洒下大局观的种
子，再自我提升，融对圈子，就一定会开花结果，收获满世界的
芬芳。

4.如何做一只合格的领头羊

一个人真正的强大，是他具有领头羊的特质，能够领导别人，或能向上管理，引导自己的领导走向成功、走向更广阔的天地。领导者的强大，与名声、样貌、体能、财富值关系都不大，反倒是特别需要能做出良好的正确的判断，带领集体寻找突破口，在各种局面下，都能具备快速、果断决定的能力。一个优秀的领导者、领头羊必须有正确的指导他人、引领他人的能力。真正做到帮助别人取得成绩，助力他人实现成长。也只有这样的人才能在社交中游刃有余，为他人提供足够的价值。没有人天生就是领导者，但我们都可以学习领导力，在实现自我成长的同时助力他人成长，并对自身世界、周遭气场和人生掌控自如。

西晋一统三国后，很快就陷入了"八王之乱"中。匈奴、羯、鲜卑等部落开始逐一建立自己的政权，后来，司马氏在北方的土地、政权逐渐沦陷，东晋就是基于这样的环境建立起来的。

东晋能够建立，与名臣王导有很大的关系，可以说没有王导就没有东晋。本来，建业（今南京）城内，散布着多股不同的势力，多亏了王导这只领头羊极具社交能力，才能融合多方的力量，共同形成东晋的新政权。

永嘉元年（307年），王导力劝当时还是亲王的安东将军司马睿移镇建业。建业本来是吴国的首府，西晋攻打吴国时较为顺利，建业并未遭到程度剧烈的损毁，长江以南的耕织经济基本正常运行。因此王导提出移镇建业，为司马睿成就帝业能够打下坚实基础做出了最正确的决定。吴国灭国后，原本的江东士族虽不比从前那般尊贵，不再是晋朝上流社会最具权势的几个家族，但依然极具影响力。司马睿带着自己的一众随从来到建业，属于外来政权，要想稳定统治，他们就必须得到江东士族的大力支持——这也是王导给出的第二步谋划。

王导很注重结交建业当地的豪门势力。比如东吴丞相顾雍的孙子顾荣，东吴中书令贺邵的儿子贺循，他们既是前朝贵族的后代，又是当地士族的领袖，因此，王导有意结交他们，并与之建立了密切的关系。而原本不看好司马睿的很多本土士族阶层，都随着顾荣和贺循二人逐渐向司马睿亲近。

后来，汉赵名将刘曜、王弥攻下洛阳，晋怀帝成了俘虏，此后西晋灭亡。太兴元年（318年），王导在江东士族势力的支持下，将司马睿推上皇位，至此，东晋王朝正式建立。王导在朝堂之上辅佐司马睿执政，他的哥哥王敦就一直在外征战、领兵打仗。由于位高权重，王敦一时膨胀就头脑发热，煽动王导废黜司马睿，改立司马家族年龄更小的子弟，以达到控制朝政的目的。但王导坚决反对这个提议。当时的北方士族与江东士族互相牵制，但他们都很认可司马睿的领导和统治。但如果王敦篡位，这种微妙的平衡局面就会被打破，如果士族们达成一致，共同抵御王家人，则等待王家的结局只能是灭顶之灾。因此，王敦数次作乱，王导都极力压制，王敦心愿未能实现，最终郁郁而终。

王导作为开国重臣，先后辅佐了晋元帝司马睿、晋明帝司马绍，明帝驾崩后，王导和外戚庾亮共同担任晋成帝的辅政大臣，庾亮十分霸道，处事常常很专制。他想剥夺流民统帅苏峻对军队的统领地位，便说要征召他入朝为官，苏峻害怕入朝被害，于是起兵叛乱，杀入都城，庾亮未听从王导的建议，为京城提前部署好军事准备，导致京城上下一度陷入一片混乱之中，而庾亮却第一时间逃跑了。只剩王导和一些忠心耿耿的臣子选择留下来，和晋成帝共同进退。此时，王导长袖善舞的政治手腕，还有他提前做好的一系列铺垫，发挥了关键作用，苏峻虽然叛乱，但并没有伤害王导和晋成帝性命。

后来，苏峻犯上作乱被平定后，都城损毁严重，有的大臣就提议要迁都，但都被王导给拦下来了。因为迁都会导致新的权力洗牌，造成王朝新一轮的动荡。平息叛乱后，大家都需要休养生息，宜静不宜动，只有这样才能更好地安定民心。最终，晋成帝采纳了王导的建议。

王导工于心计，善于平衡多方力量，能于千钧一发之际挽大厦于将倾。就这样，他辅佐了三代君主，名臣谢安沿用了他的施政方针，即在平衡多方力量的基础上，保证皇室执政，坚持长治久安，最终使东晋政权延续了上百年的国祚。王导无论对敌军还是友军，都能施展"润物细无声"的圆滑社交理念、采用高情商、高智商的社交方式，简直可以说是一代社交大师。

具有领导力的领导者往往对普通的、短暂的、微小的鼓励和肯定不感兴趣，他们追求的是长久的、巨大的、非同寻常的奖励。这就需要良好的判断能力和圆润的社交理念。能够控局的智者，率先需要修炼的就是领导能力和决断能力——认清现状，制定行之有效的目标，并带领团队完成目标。只有这样，才能成功谋局、布局、控局，达成至高成就。

5.用心打造自己的朋友圈

有句话说得好:"人很难接受教育,却特别容易受到周围环境的感染。"比如说,你身边有一个人,经常苦口婆心地劝说你要积极、努力、向上,你不一定能听进去并且照做。但如果你社交圈子里的人都拼劲十足,你也会不由得奋力拼搏。这就是为什么说,精英的圈子里都是精英,而游手好闲之辈的四周就都是懒汉。

成年人想要谋求发展,就要找到能够帮助自己良性发展的良师益友,这样才能更好地掌控自己的人生。

卢纶祖上是范阳有名的豪族大户,但到他父辈一代时就已家道中落,由于卢纶的父母去世得早,他自小就寄居在舅舅家,并在那里长大。卢纶的舅舅家也是当时非常显赫的名门望族之一,即京兆杜氏,所以卢纶自小受到的教育还是非常好的。据一些资料记载，唐玄宗天宝年间，卢纶曾考中过进士，但当时正值安史之乱，朝廷动荡不安，所以他并没有谋得一官半职，还有资料记载，他并没有考中，不管怎么说，这段时间他并没有在仕途上有所建树。

求官不成，卢纶便来到了钟南山隐居，钟南山距离唐朝的京城长安特别的近，在这里隐居的名流，都快比长安城里居住的达官贵人多了。

有个成语"终南捷径"，讲的就是初唐时期的卢藏用（同是范阳卢氏族人），学富五车，很有才华，但没有机会走入官场，获得朝廷重用，于是他在写了名篇《芳草赋》后，就来到了钟南山，开启了隐居生活。后来，到了武则天执政时期，朝廷终于知道了这位"非著名"隐士，于是征召他出山，先是安排他做左拾遗这样一个小官，结果没想到他一发不可收，一路做到了礼部侍郎。自此以后，人们就把自称隐居但想以此为跳板来博取名利的行为称为"终南捷径"。虽然人们对卢藏用极尽嘲讽，但其实当时还是有很多有才华的人选择隐居钟南山。

卢纶来到终南山以后，慢慢地结交到了不少意气相投的好友，也逐渐缓解了多年来没能在官场上有所建树的失意情怀。

其实，总体来说，卢纶所谓的归隐时间并不算太久，很快，他的名气和诗作就在长安广为流传，有很多当时的大佬都争相邀请他做客，把他视为座上宾。像王维的弟弟、宰相王缙就一直特别重视他，另一位当朝宰相元载对他也是大力举荐。或许是因为从小寄居在舅舅家长大的缘故，卢纶非常善于洞悉人心、察言观色，他在长安的上层社交圈表现得十分自如，长袖善舞、如鱼得水。长安城几乎半数以上达官贵人都是他的好友，与诗人李端、钱起、苗发、夏侯审等常常写诗聚会、饮酒作乐，每次他们汇聚在一起，才华碰撞写出来的诗句都能在长安引发潮流，当时人们都称赞这个小团体为"十才子"。

由于有两大宰相保举，卢纶很快被任命为阌乡的县尉——大概就是今天县公安局局长这样一个职务。这个职务实在由不得人小瞧，很多人都是从县尉这个官职发展出无限未来的，其中最直观的例子就是宰相元载。虽然这个小官职并不是卢纶的初心所期待的，但由于他善于维系长安的朋友圈，不久就在大家的助力下被调回长安担任监察御史。

卢纶社交手段非常厉害，尤其善于赢得宰相的青睐，很多担任过宰相的官员，如李勉、令狐楚、裴均等，以及很多达官显贵，像韦皋、威武大将军浑瑊等，都十分愿意与他结交。但后来，卢纶一度遭到了朋友圈的反噬，宰相元载由于权力太大，被唐代宗猜疑，后被处死。王缙、卢纶被当作同党而受到牵连，被罢官。

唐德宗上位后，逐渐把受元载牵连的人召回。当时浑瑊出镇河中，任主帅，于是召卢纶到其军营任判官。军营生涯更增添了卢纶诗歌的豪迈气象，这一时期他的作品充分体现了他的雄心壮志，后受友人举荐，德宗皇帝也很欣赏卢纶的诗歌，还把他调回朝中任户部郎中，负责整个朝廷的财务计算与安排。但此时卢纶已是油尽灯枯，未能施展更多的理想抱负就离世了。

卢纶是少有的几位和李白一样，没有通过正式考试获取名次，而是依靠名气和才华敲开官场大门的文人。唐朝对于士大夫的名分一向极其重视，没有科举成绩做基础，虽然有豪门背景，有各路名流举荐，也不容易在官场平步青云。因此，卢纶的仕途并不算顺利，甚至可以说非常短暂。但这短暂的辉煌还是仰仗于他无与伦比的社交能力，在历史的长河里，他的社交能力也一再被历代的史学家们讨论和提及。

据说，一个人能取得的成就，就是他所处的圈子能给他供给的养分的极限。人不是自然而然就取得成功，而是由一个圈子逐渐带动后成功的。落后，也不全是人自身的堕落导致的，而是他所处的圈子限制的。

高层次的圈子，能在黑暗中将你托举而起，在你所到之处，都为你洒下护体金光，而低层次的圈子，却会消耗你、拖住你，使你下沉，直至认命。因此，我们一定要及时辨明朋友圈的状态，并做出调整和改变。只有悉心打造良性的朋友圈、社交圈，才能实现自身的发展，助力所在圈层的良性进步，最终实现对周遭环境、局面、态势的良好掌控，使自己成为控局高手。

6.领导力是一种重要的社交能力

　　领导力是指在组织或者团队中，能以自己的影响力和作用，来推动团队共同协作实现目标的能力。领导力能把正确的意图转化为积极的行动，能使散漫的个体组织成团队，最终合力迸发出强大的力量。在日常社交中，这是一种非常重要且珍贵的素质。领导力可以提升我们在集体中所获得的资源量和支持率，从而更好地成就自我，实现自己的人生价值。真正具有领导力的人都善于将队员进行联结，激励他人及时做出正确的行动，使其富有责任心，并对事物持有积极乐观的正面态度。作为一种重要的社交能力，领导力不是生来就有的天赋，而是可以通过学习而逐步掌握的思维模式，领导力可以想人之所想，实现他人不能完成的任务。有领导力的人会用经验和智慧带领团队成员走向成功，以身作则，身先士卒，并持续为自己的队员赋能。

西汉有一位文韬武略、才智过人的社交名臣韩安国，他在仕期间多次结交各类高端人士，并以超强的社交能力为国家化解了数次巨大的危机，是君主非常信任的左膀右臂。

韩安国生于梁国成安县，后迁居至睢阳。起初，作为将军的他服务的领导是梁孝王刘武。刘武是汉景帝刘启的胞弟，与皇帝的血缘关系最近，因而有非常广阔的封地。当时的西汉实行郡国并行制，除中央的直属郡县外，皇帝还会把宗亲们分封到属地为王，并赏赐一定数量的土地。王爷们在自己的封国内有很大的权力，不仅可以自主任命官员，还能铸钱冶铁，甚至还能拥有军队。到了汉景帝时期，诸王发动"七国之乱"，直逼西汉中央政府。河南是梁孝王的封地，刚好位于长安和叛军中间。经过深思熟虑，他派出韩安国抵挡叛军，果然韩安国不辱使命，为汉军争取了三个月的时间去调动军队和物资，最终成功平息叛乱。经此一役，韩安国名声大噪。梁孝王的地位、荣宠也进一步提升。

当时的梁国，北至泰山，西至高阳，内含40余城，其中很多是大县。由于发动"七国之乱"的吴王刘濞、赵王刘遂均是位高权重的皇戚，因而汉景帝一直担心梁孝王恃宠生娇，步吴王、赵王的后尘。后来，就连太后也对梁孝王有所忌惮，拒绝接见梁国使臣韩安国。

上苍为韩安国关上了门，于是韩安国打开了窗户。在被皇帝和太后轮番拒绝后，韩安国想办法得到了汉景帝姐姐馆陶公主刘嫖的召见，刘嫖说道："梁王不自重，行为不检，惹怒了皇帝和太后，因此不肯接见梁国使臣。"原来，自立下"救驾"大功之后，梁王越发张狂，还自以为自己是皇帝的一母胞弟，身份贵重，与众不同，竟与皇帝使用同一级别的仪仗、车架。因而，汉景帝猜忌弟弟有了不臣之心。知道原因后，善于揣测人心的韩安国立马对刘嫖哭诉道："皇帝和太后怎么没有对梁王的耿耿忠心明察秋毫呢？七国叛乱时，梁王一想到母后和哥哥尚在关中，便命令我们时刻警惕，拼死抵抗，一想到母兄的处境就担忧不已、眼泪直掉。如今他只是为了彰显皇恩浩荡，才用皇帝亲赐的仪仗和车架在僻静无人处小小地炫耀，梁王立了大功，请皇帝和太后怜惜，不要因为小节而误会、责怨梁王啊！"

刘嫖听闻后，认为韩安国所言属实，更加青睐于他，并将这段话报告给太后。窦太后听说后也非常高兴，并亲自告诉了皇帝。皇帝和太后解开了心结，立刻接见了梁国使臣，并大大赏赐了使臣团，尤其对韩安国给予了额外的重赏。此后，梁孝王的地位更加稳固。

虽然汉景帝解开了心结，但梁孝王刘武这个"闯祸精"却未加收敛。他想进一步被立为皇位继承人，因而招纳谋士公孙诡、羊胜为自己出谋划策。汉景帝十分愤怒，查出幕后主谋后，他立刻派出官吏缉拿二人。结果，刘武竟然将他们藏匿在自己的官殿内，汉景帝派出的十余批官兵都未能将之抓捕归案。得知此事，韩安国对梁孝王进言道："大王与圣上难道比之高皇帝（汉高祖刘邦）和太上皇（刘邦的父亲刘太公）更为亲近吗？"梁孝王回答说："我与圣上是兄弟，确实与父子之情无法相提并论。"韩安国又引导着问道："那皇帝与临江王，比之于你呢？"梁孝王说："也不能比。"韩安国这才说道："太上皇是高皇帝的父亲，尚不参政，临江王是皇帝的儿子，亦负罪自杀，为什么您却敢如此肆意妄为呢？"梁孝王听后醍醐灌顶，并把公孙诡和羊胜交给了汉朝中央政府。韩安国又一次帮助梁孝王化解了危机，他的才能终于引起了皇帝和太后的注意。

后来，机缘巧合下韩安国被召入汉庭，并与汉武帝的舅舅田蚡交好。在田蚡出任丞相后，韩安国也被提拔为御史大夫，成功晋级高级官员。

韩安国虽然一直处于"下属"的身份，但是有实实在在的领导力。他不是征战沙场的战将，却能利用超高的外交手腕，游刃有余地游走于上层人物间，并能使他们听从自己的建议，控制住变局，并最终依靠这些有处置权的"大人物"进阶自己的官职，改变自己的命运，实现自己的成就。他能同时与内廷、外朝交好，像一瓶润滑剂，在多方复杂的关系中加以周旋，消除芥蒂，这样的人才对团队来说非常重要。有领导力的人是队友得力的帮手，是能让事情稳妥落地的助推器。良好的领导力能在社交中起到显著的正向作用，因此，我们每个人都有必要好好修炼，融领导力于无形间，如此，做起事情来便可水到渠成，马到成功。

第三章

沟通术：
语言有技巧，
控局有依托

1.如何说话才能打动领导

　　据心理学研究表明，善于聊天、会恰当说话、能够准确揣摩他人意图的人往往能有更好的社会适应能力，在团队中更受欢迎，也更容易实现自身愿望以及达成各种目的。这个理论应用到职场上更是如此，能否掌握和领导说话的技巧，将会极大地影响一个人的职业生涯发展。要想做领导的心腹和自己职场命运的操盘手，就得会做"语言的巨人""思维的智者"，细心揣摩领导的心思，默默修炼说话的技巧。有时候，有的下属自认为和领导关系很好，说话便口无遮拦，十分冒失和放肆，冒犯了领导还不自知，结果逐渐被边缘化。职场就是有明确的上下级区分，必须打起精神认真对待，既要克恭克顺，又要不矜不伐。既不逾越，亦不疏离，要知道自己的身份，摆正位置，说正确的话，要巧妙地将观点和建议讲到领导的"心窝里"，让领导觉得正中下怀，这样才能得其青眼，让职场之路走得更顺畅、更长远。

战国时期有一个名为蔡泽的燕国人，很有才华，早年辗转多地，想寻找一个合适的平台，以实现自己的抱负，施展自己的才能。

一开始，他投奔赵国，但坐了很长时间的冷板凳，并不受礼遇。后又转道魏国，结果遇上了劫匪，把他傍身的银两洗劫一空，好在没有伤及性命。但据经验来看，在魏国仕途上"失之东隅"的人，往往在秦国都能"收之桑榆"。商鞅、张仪和范雎在魏国都未有建树，到了秦国就大放异彩。于是，照葫芦画瓢，蔡泽也来到了秦国。

这时，范雎已位及相邦，并被册封为应侯，在秦国呼风唤雨。秦昭襄王对他十分信任，言听计从。

蔡泽决定一来到秦国就直奔范雎的门下，并想以此作为自己起家的跳板。按照计划，蔡泽先安排了很多人宣传说自己是举世无双的辩论家，未来一定会取代范雎，意图打造声势。

范雎虽然听说了，却很不以为然，但还是派人召见蔡泽，想听听他怎么说。

蔡泽来到范雎面前，虽然知道两人眼下身份地位上有一道鸿沟，但是并不下拜，只简单作揖。这下范雎立刻变得很愤怒，并说道："就是你扬言要取代我吗？"蔡泽承认，说："是的。"范雎一听觉得有意思，便说："你说说看，要是我觉得说得不对，我还要治你的罪。"蔡泽说："商鞅来到秦国，吴起来到楚国，文种来到越国，没有落得善终，你知道这是怎么回事吗？"范雎听闻此言，神态有所缓和，但还是辩解说："商鞅变法，助秦王成就霸业，吴起侍奉楚悼王的时候，保护了国家不受损害，文种辅佐越王勾践报仇，这三人都成就了一番事业啊！"蔡泽又继续问道："大丈夫生于天地间，谁不想成就一番伟业呢？但是商鞅助秦后被五马分尸；吴起为楚国谋划，变法图强，结果被贵族们用箭射死；文种辅佐越王后被赐自尽。这些下场难道是成就大业者一开始的心愿吗？"蔡泽的话戳中了范雎的心事，一时间范雎变得十分沮丧，他默不作声，并且低下了头。

原来，范雎是魏国人出身，本是中大夫须贾的门客，有一次须贾出使齐国，带上了范雎。齐襄王责问他们，为何魏国出尔反尔，要当"五国伐齐"时燕国的帮凶。使臣须贾因为恐惧，竟然语塞，支支吾吾说不出话来。这时，使团成员范雎站出来反驳了齐襄王，一番雄辩，最终为使团赢得了齐襄王的尊重，为魏国赢回了在外交场合上应有的尊严。但是须贾却觉得颜面扫地，回国后他立刻向上诬告范雎通敌，私下接受了齐国的贿赂。

魏国丞相魏齐闻言勃然大怒，派人将范雎捆住，下令用藤条抽打他，最后将一息尚存的范雎丢进了厕所。清扫厕所的奴仆们又把苟延残喘的他扔到了荒郊的野地上。还好有一名义士郑安平救了他，并把他藏到了自己的家里。后来，郑安平还谋划使秦国使臣王稽与范雎会面，王稽深认为范雎是个人才，带他回到了秦国。

来到秦国之后，范雎的身体日益康复，他向秦昭王自荐，希望能被重用。后来，他被提为相邦，并为秦国制定了"远交近攻"的政策，为秦国开拓疆土立下了汗马功劳，使秦国的国力很快得到提升。

范雎地位的不断上升，带动他的救命恩人郑安平和王稽也得到了进一步的发展。由于范雎的极力举荐，秦昭王任命郑安平为将军，王稽也从低级传达官谒者被提升为封疆大吏河东郡守。

后来，郑安平在秦赵两国的大战中投降，王稽也因被告发与诸侯私通而被处死。举荐不当成了范雎的政治污点，这一度令他的内心非常忐忑。

蔡泽指出商鞅、吴起和文种的结局，就是在告诉范雎水满则溢，是时候功成身退了。几天之后，范雎便辞去相位，还将蔡泽推荐给了秦昭王。蔡泽凭借才华很快被任命为新相邦，并被封为纲成君，后在秦国十余年，历经昭襄王、孝文王、庄襄王三位君主，深得信任。后侍奉秦始皇，曾出使燕国。

　　善于运用语言规则、懂得投其所好的人，更容易使自己的言辞被人接受。只有在充分了解对方的需求痛点和价值观的基础上，有针对性地斟酌言辞，才能更易引起别人的共鸣。只有把话说到领导的"心窝里"，才能在职场上获得更多的机会和话语权。投其所好并不是单纯地迎合，而是在经过深思熟虑的基础上，在交谈中营造出令大家都感到轻松愉快的氛围，更有亲和力地传达关键信息，从而使自己的职业生涯走向更高峰。

2. 一针见血才有神奇的力量

　　"一针见血"这个成语，出自《后汉书·郭玉传》，本用于形容高明的医术，刺一针就见到血，现在则常常用以形容说话简短还能准确切中要害。说话一针见血会使语言传递出振聋发聩的力量，在社交中这种能力非常重要，但不是人人都能拥有的。有时候人们思路不清晰，对具体问题视而不见，顾左右而言他，还有的人喜欢兜圈子，讲话围着问题在边缘转悠，没有击中靶心。实际上，讲话含含糊糊、不得要领，会耽误很多事。要想慢慢学会讲话一针见血，优秀的脑力是关键，即通过思考获得透过表面现象看到问题本质的能力。只有准确判断，才能在具体的社交生活中，看到深层次的异常和藏于背后的问题。要想做到讲话一针见血，绝非一日之功，而是需要日积月累，反复思考，这样讲话才能逐渐变得言简意赅、有理有据，迅速解决问题，并取得事半功倍的效果。

赵孝成王八年（前258年），秦国围困住了赵国都城邯郸。赵国公子平原君赵胜意图向楚国求救，与之联盟，共同对抗秦国。为此，他决定组建一支20人的使团队伍，可是拼尽全力也只筛选出来19位值得托付的使臣。就在他一筹莫展的时候，一个名叫毛遂的人自请加入使团，共同出使楚国。赵胜觉得眼生，实在不记得这个人是谁，于是就问他说："先生加入我的门下有多长时间了？"毛遂回答说："三年了。"赵胜又说："真正有能力的人，就像是布袋里的锥子，一下子就会脱颖而出。你在我门下整整三年的时间里，没有人在我面前称赞你的优点，也没见到你有什么格外亮眼的表现，还是别参与出使了吧。"毛遂回答道："现在我正是在向您请求一个被放入布袋中的机会，如果我一早就在布袋里，就不仅仅是锥子尖会漏出来，估计整个锥子都已经扎出来了。"这话的意思是说，要想使人施展才华，就得给人提供表现的机会和平台。如果把名臣管仲放在无事可做的环境里，他也不会有那么大的建树。可见，毛遂抓住了谈话的要害，赵胜当即决定让他加入使团。

赵胜带着使团来到楚国后，就立刻劝说楚考烈王合纵抗秦，两人从日出谈到晌午，还是没有谈妥，楚王还是犹豫不决。这时使团里的毛遂按捺不住，提着剑走上台阶，对赵胜说道："合纵之事，本三言两语就可以解决，怎么你们讨论了这么长的时间？"楚王看到平原君的随从竟然敢随意插嘴，十分愤怒，他呵斥毛遂退下，并说："我在和你的主君说话，你跳出来干什么？"毛遂听了并未生气，他手抚着剑柄说："大王之所以呵斥我，不是因为我擅自上前，而是因为楚国人多势众，地域广阔，但我现在靠近大王您只需十步，楚国人再多也没有用，我立刻就能给大王您以致命一击。既然您知道我的主君也正坐在席上，您又何必要呵斥我呢？不知大王听说没有，商汤原本只有70里的土地，但最终依然能雄霸天下。周文王也只以百里土地起家，但天下诸侯都向他臣服，这都不是由于他们人多地方大的缘故，而是因为他们据时而变，通过利用当下的形势来将自己所能发挥的力量最大化。现如今，楚国土地广袤，方圆五千里，冲锋陷阵的士兵更是累计百万。这样的庞大力量原本应该称雄天下，可是与秦国大将白起第一次交锋，楚国就丢失了鄢、郢这两个大都市，第二次开战夷陵被烧毁，甚至祖宗的陵墓和祭庙都被烧掉了，这是多么大的耻辱和仇恨！大王您竟然对此熟视无睹，不以为耻，反而跟我的主君就合纵谈了这么半天。只有合纵才能给楚国带来最大的利益，到现在您还不清楚这一点吗？"

毛遂的话一针见血，一下子戳中了楚王的痛处，并将联盟合纵的意义讲得十分透彻，因此楚王一下子醍醐灌顶，当即表示要立刻结盟。之后，楚王派春申君黄歇北上，率军救赵，同时，魏国的信陵君魏无忌也带领军队前来救援。平原君赵胜更是在城内招募了三千死士，并命李倓带兵出战。在此番内外夹击之下，秦军很快战败，大将军王龁率领军队撤退到了位于河东的汾城，另一名秦将郑安平带领的两万余士兵被困，在突围失败后向赵国投降。至此，邯郸之围被解。

后来，赵胜对毛遂说："我一向以门下贤人众多而自豪，自以为眼界超群，能识别贤明，但却沧海遗珠，错过了先生，先生语言振聋发聩，以后我再也不敢以善识人自居了。"此后，毛遂被平原君赵胜视为座上宾。

由此可见，说话一针见血，就会有非一般的力量，尤其在谈判中更是一种重要的谈判技巧。首先是陈述己方建议为双方带来的利益及影响，尤其是准确传达对对方利益的正向影响。比如秦国在楚国的旧都城放火，烧毁了王陵和祭庙，对楚国的伤害甚至超越了赵国，这是楚王最大的痛点。进而以楚国的地大物博有进一步发展的可能来说服楚王结盟。在激起楚王兴趣的同时也引起了楚王意图复仇的熊熊怒火，因此楚王立即决定要结盟。因此如果说话过于优柔寡断、软绵绵，没做到掷地有声，将不足以给别人带来震撼，只有一针见血，才能使语言发挥出真正的力量。

3. 谈话的根本任务是抓住要领

我们日常讲话，常常喜欢把重点藏在后面，把最重要的问题以最轻描淡写的方式说出来。因此跟人对话的时候一定要学会发现根本，抓住中心思想和要领。正所谓闻弦歌知雅意，但要想做到三言两语间就抓住本质问题，却并不是那么容易的事。首先就是要洞悉人情世故，一个想做大事并且能干大事、能自如掌握局面的人，哪一个不是谈话的高手，哪一个不需要洞察世事、练达人情？如果不能读懂人心、明悉世道，自然就无法做到人尽其才，物尽其用。要是思路不清晰，表达太啰唆、含糊，很有可能导致沟通效率低下，从而使双方产生隔阂，十分尴尬。其实，有些职场沟通十分关键，简直比演讲还要重要。这就要求我们在学会换位思考的基础上，既要做到清楚表达，还要确保交流的另一方能够快速、准确地接受信息，从而提供给我们需要的反馈，使交谈有良好的结果。

南阳新野有一个名叫邓禹的人，后来成了东汉的开国名将，是光武帝所列的云台二十八将之首。随着邓禹的平步青云，他的家族也逐渐成为当时的显赫大族之一。

光武帝之所以重用邓禹，除了他军事才能很强，有赫赫战功以外，最主要的是在武官里，他的文化功底之强是十分少见的。每次光武帝询问情况，邓禹都能快速抓住要领，对答如流，使人从迷雾重重的问题中拨云见日。因此，邓禹对于光武帝来说既是将军又是谋臣，在他的建议下光武帝制定了多项作战战略，最终于龙驰虎骤间扫荡群雄，成功登顶，夺得帝位。

邓禹是光武帝刘秀的同学，两人曾同期在长安读书。更始帝刘玄即位后，曾有人建议邓禹在其手下做官，但被邓禹拒绝。后来听闻刘秀在河北发展得很好，就渡河前来拜见。等到了刘秀营前，刘秀就与他开玩笑，说："我现在的确是有任免官员的权力，你这样不辞辛苦地赶来，是不是想做官呢？"没想到邓禹却摇头，否认了刘秀的话。于是刘秀又问他想来干什么，邓禹回答说："我是想追随明公您，为您效力，这样才能名垂青史。"听闻此言，刘秀收起玩笑之色，变得十分严肃，他认真地示意邓禹继续说。邓禹说道："由于没有继续征服山东的实力，更始帝现已在关西定都。赤眉军与青犊军共计万余人，现成群结队流窜到三辅附近（今陕西中部），却假借名号。虽然他们并不听从更始帝的号令，但更始帝却也没能打败他们、收服他们。更始帝帐下更是养了一群庸才，他们的远大志向也不过是发财而已，并不真心实意争立军功。他们既缺乏远见，又不是宅心仁厚，并不考虑天下是否长治久安。现在的局面已注定是各个阵营各行其是，明公您虽然是更始帝的大功臣，但在他的手下恐怕还是难成大业，因此，现在您应该广泛招揽天下各路英雄豪杰，最终建立汉高祖那样的基业，为百姓建立安稳的国家政权。"

邓禹此番话令刘秀凛然，他把邓禹安置进自己的帐篷里，并让下属称呼他为将军。刘秀之所以能够听取邓禹的话，主要是因为邓禹抓住了谈话的要领，最终靠语言打动了刘秀。

在说话的过程中，邓禹至少传递出了四层含义：第一，更始帝虽然在拥戴中登上王位，但并未服众，他的势力十分脆弱，并没有太多的凝聚力。第二，更始帝属下庸碌之辈众多，并缺乏远大的政治理想和抱负，不能够辅佐更始帝安定天下。第三，更始帝既非圣主，你即使忠心耿耿，立下大功，也大概率不能成就大业，第四，我们可以自立门户，招揽人才，谋取政权，建立属于我们自己的盛世王朝。

这番分析鞭辟入里、剖析到位，不仅将复杂的情况以深入浅出的形式归纳出来，甚至还对未来的发展给出了战略性的指导建议，这样一位具有高级谈话水平和政治敏锐性的人才，刘秀怎能不看重？因此立刻就对邓禹施以极高的礼遇。

更始三年（25年）六月，刘秀在众多文官武将的拥立下，在鄗城（今河北邢台）千秋亭称帝，与更始帝出现二帝并立的局面。

刘秀授命邓禹向西扫荡敌人。很多人都劝邓禹抓紧时间向长安进军，邓禹却说："我们现在并没有很多能征善战的精兵强将，计划进军的地方又不具备粮草，我们后备力量的粮食补给也不是太充裕。更始帝的赤眉军刚刚攻克长安，士气和物资都十分充足，所以我们与之决战要想获胜有一定的困难。不过，他们目光短浅，一定不会在长安长期坚守。上郡、北地、安定等三地地广人稀，但粮草和牲畜充裕，不如我们先以那里为据点修整，静待时机，发现赤眉军的弱点后将其一举击败。"众人深以为邓禹讲得有道理，因而向三郡进发，果然一一击破了赤眉军的营寨。

邓禹先分析了敌方的优势和眼下己方的劣势，又指出了敌人的致命缺点，还给出了正确的解决方案，最后不仅说服了大家，也成功助他的"领导"刘秀登顶。而他之所以能说出这么高明的话术，全是建立在他充分洞悉世事人心的基础上。由于洞悉人性，洞察人情，他的理论信手拈来，成功劝说君臣、同僚也只是一件水到渠成的事。充分掌握说话技巧的人臻于化境，因此，我们都要逐步修炼自己的语言组织能力和表达技巧，做到精准表达，想清楚，说到位，这样才能够在职场上无障碍沟通，从而收获良好反馈，实现自己的目标和心愿。

4. 拒绝时更需要语言的艺术

我们都知道，做事应该学会适度拒绝，亮明态度，不一味妥协，有理有据地表明底线，充满底气地对不合理说"不"，这样比一味迎合更容易赢得他人的尊重。都说拒绝别人是一道难题，这中间当然少不了"语言的艺术"来助力。比如，讲明拒绝的原因，拒绝的同时帮助对方提出可以代替的方案，语气真诚、恳切、委婉，给人良好的感觉、体验，或直接明确拒绝，不含糊其辞、拖泥带水。很多人都曾因为不善于拒绝他人而使自己深陷痛苦之中。如果学会拒绝时的用语艺术，你对整体人生和事物、气场的控制感马上就会变强许多。建立稳固的自我内核，学会正确地拒绝别人，不仅不会使自己的"人缘"变差，而且还会提升自己在别人心里的地位。

南兰陵（今江苏常州）的萧氏家族是梁武帝萧衍的后裔，家族里有一个名叫萧俛的人，在唐穆宗时期任宰相。有一天，穆宗皇帝让他给因故去世的王士真（成德军节度使）撰写神道碑。萧俛拒绝了，并说："我这个人不是心胸广阔之人，王士真的儿子王承宗，一直不肯听从圣上的号令，人品庸陋，没有能让人称赞之处。因此，如果我来撰写王士真的神道碑，我也只会据实来写，而不会美化他。神道碑撰写完毕后，王家依照惯例会献礼致谢。到时候我若拒绝，就是与陛下安抚藩镇的原定计划背道而驰，若无奈接受，又与自己的平生意愿不相一致。因此我想请辞，希望能不让我来撰写这篇文章。"穆宗皇帝听到他的直言进谏非常高兴，还嘉奖了他。

从某种程度上来看，萧俛是为了自己的脸面才斗胆拒绝皇帝的提议，但其实历朝历代，一名朝臣的忠诚程度和遇事时的解决问题能力才是皇帝对其进行考评的首要因素，其次，才能谈及他的名誉问题。如果一个大臣整天沽名钓誉，只知道爱惜自己的羽毛而不真正地为皇帝办实事，皇帝是不会重用他的。但凡事都有前因后果，看问题更要看全面，为什么萧俛会得到嘉奖呢？这是由当时的历史环境决定的。自安史之乱后，唐朝各地藩镇的势力日益增长，钱粮充足，将才辈出，并且慢慢变得越来越不听朝廷的号令，他们各自为政，甚至开始随意任命官职。唐穆宗的父亲唐宪宗在名相裴度的辅佐下，逐渐成功镇压了不少反叛的藩镇，因此，许多藩镇将领都逐一归附于朝廷。但还有部分有实力的藩镇仍处于观望状态，前文所说的"成德军节度使王士真"便是其一。王士真原是成德军节度使李惟岳的属下将领，他协助父亲王武俊推翻李惟岳并杀掉了他。后来，朝廷便任命王武俊为节度使。王武俊去世后，还没等朝廷任命，王士真就自封为节度使。再后来王士真的儿子王承宗、王承元又相继成为节度使。经过四世经营，王家在成德军中举足轻重，自成一派，甚至几乎快要成为一个独立的王国。唐穆宗现在让萧俛给已故的王士真这样一个不听话的"分舵主"写神道碑，就是想给藩镇荣誉以笼络人心，避免他们直接造反。

萧俛推脱掉这份任务，其中蕴含好几层深意。第一，王家不肯听命于朝廷，光靠拉拢的手段肯定是不行的，今天萧俛为王世真撰写神道碑这个行为，不仅会让那些忠心归顺的藩镇心寒，还会令那些异常跋扈、图谋不轨的藩镇更加嚣张。虽然王家现在比较顺从于朝廷，但前几代一直有不轨之心。唐宪宗对付成德军，也是既有军事武力威慑，又用封官来拉拢，如今唐穆宗想仅仅靠拉拢稳定藩镇，肯定是不行的。第二，目前朝廷主要有三方势力，其一是外部藩镇，其二是由贵族士大夫组成的朝廷大臣，其三是左右神策军。穆宗皇帝之所以能登上皇位，主要依靠的就是朝臣的拥戴和左右神策军的力量。此外，南兰陵萧氏一族在唐朝出任宰相的就有10人之多，在当时来讲是相当大的贵族世家。因此，萧俛为藩镇势力写神道碑，极有可能会导致藩镇与朝臣勾结以及神策军的不满和猜忌。第三，如果用萧俛这个地位的人来为"不听话的"藩镇势力写神道碑，会使得朝廷能提供的荣誉大幅贬值，朝臣们也会反对，到时候不仅萧俛的声誉有损，唐穆宗也会在藩镇和朝臣的拉扯中，两边都不得好，"里外不是人"。唐穆宗立刻就听懂了萧俛的话外音，虽然萧俛拒绝了唐穆宗，但其实他是在为唐穆宗做全局性的考量，以及以绝对的大局观，引导领导认识到自己提出的要求所能带来的利害关系，从而使局面走上正轨。

有的时候，在日常生活中要想拒绝别人，直接说"不"会显得很生分，应承下来，不仅要求不一定合理，而且自己也不一定能做到，或者也不一定是自己分内应该做的事。说话是一种学问，而用语言拒绝更是需要智慧。人都不喜欢被直接拒绝，而希望得到他人的肯定和认可，这时，适度的委婉有可能会免于不必要的误会和麻烦。甚至有的时候，模糊的回答也能代表一种拒绝，比真刀真枪、长驱直入的方式要好。有技巧的拒绝，既能达到目的，还能保留双方的体面，只要有所回应，对方就会安心。最后，不要让别人的看法成为限制自己的枷锁，学会怎样拒绝，智慧地说"不"，是生活里的必修课。只有学会有技巧的拒绝，才能轻装上阵，最后游刃有余地掌握局面。

5.满足对方的需求，更能打动对方

　　人们通过读书可以明事理，通过分析事件可以参悟价值，而通过分析人心，则可以了解人性需求。每个人都会在不同的阶段有各种不同的需求，有的可以开门见山，有的却难以言表，有些流于表面，而有些则是深层次的内在需求。能做到更好地了解他人的需求，是保持良好社交的必杀技之一。职场蕴含着许多复杂多变的社会小团体，跟领导沟通，跟同僚接触都有可能给自身造成压力。尤其是面对领导，更要准确、直接、快速地抓住对方的内在需求，以期能够站在领导的立场上，去更好地辅助、完成工作，实现自己的最大价值。当然，在具体操作中有很多技巧，但有一个核心观点请诸位谨记：与权力掌控者沟通时，打动的效果比说服更为重要。

　　前266年，赵惠文王去世，其子丹继位，为赵孝成王。

因其年幼，暂由其母亲——赵威后摄政，秦国趁机攻陷赵国三城。危急时刻，赵国向齐国求援，齐王同意出兵，但要求赵威后派幼子长安君到齐国充当人质。原来，在战国时期，各国间为维护关系，形成了遣送贵族子弟为质子的传统。秦庄襄王，即秦始皇的父亲，就曾作为人质在赵国生活。这些质子在盟国享有一定自由，但生活条件较差。而且，若两国关系恶化，质子将面临极大危险。

赵威后是赵国太后，对幼子长安君一向宠爱有加。当听闻齐王提出的要求时，她坚决拒绝了大臣们的进谏，甚至扬言要当面唾弃继续劝说她的人。这不仅表明了她的决心，也反映了当时复杂的国际形势和她对幼子的怜爱。

按常理来讲，赵威后已经如此气愤，大臣们应该没有人敢再进言得罪她了。但左师触龙作为执政官，却还敢向赵威后进谏，而且令人惊讶的是，他还成功了。那么，左师触龙是如何说服这位权力巨头的呢？这就不得不谈一谈触龙的口才技巧了。

其实，赵威后一听说触龙求见，就大发雷霆，她太知道触龙想要做什么了。果然，触龙进宫后，远远看见太后就快速跑上前告罪道："臣现在腿脚不好，但许久未见太后，非常挂念您的身体安康。"赵威后听闻只是淡淡回应："我也是只能靠车驾才能勉强动动。"触龙又问道："太后最近胃口怎么样？"赵威后心绪略平，答道："也是吃不下太多的东西。"触龙又说道："我也是一样，每天需要走好远的路才能吃下一点东西。"赵威后回答说："你比我强多了。"经过这一番家常唠嗑，赵威后明显放松了警惕，脸色也缓和不少。

触龙接着说道："我最小的儿子叫作舒祺，总是让我放心不下，现在我想将他送进宫来给太后做护卫，希望太后能够应允，不要生气啊。"赵威后闻听此言，不禁笑了起来。她原以为触龙是来劝谏的，不料竟是为儿子来谋职。赵威后彻底放下了戒备，作为赵国执政官，触龙统领百官，忠诚勤勉。所以，对于他所提出的这样一个庇荫幼子的要求，赵威后自然会应允。

而后，赵威后很感兴趣地问道："男人也如此疼爱儿子吗？"触龙回答说："可能比女人还厉害。"赵威后反驳道："我觉得还是女子更多吧。"触龙说："不是的，臣以为太后疼爱燕后，就胜于长安君呢。"赵威后又说道："你说得不对，我疼爱长安君更多一些。"于是，触龙说："父母疼惜子女，是应当为他们做长远打算的。太后送女儿远嫁燕国为王后时，曾在祭祀时祈求女儿顺遂，不要被驱逐归来，希望她能在燕国安居乐业，生儿育女，子孙世代为王。这就是为女儿做长远打算的体现。"赵威后听闻此言，频频点头。

随后，触龙又问道："自三代以来，赵国王族子孙封侯的后代，现在还有能继承其爵位的吗？"赵威后略沉吟片刻，答道："没有。"触龙又问道："不仅是赵国，其他诸侯国是否也是如此？"赵威后回答说："对，从没有听过。"触龙继续说道："长安君地位尊崇，封地丰厚，但无功勋。若不趁早立功，百年后地位恐难稳固。因此，您身为长安君的母亲，应思虑深远啊……"触龙的一番话，无疑击中了赵威后的内心深处。她默然良久，终于说道："那就听你的安排吧。"

于是，赵国筹备了百乘战车，派长安君到齐国做人质。齐国也派出援军，赵、齐两国联手，击败了秦军。

要想知道触龙为什么成功，首先需要知道对话背后的历史环境。战国时期，君主的子孙若想保持其贵族地位，必须展现出实际的战斗功勋或行政才干。否则，在短短的二代或三代之后，他们便可能失去贵族的头衔，成为平民。正是因此，触龙的话才得以奏效，暗示赵太后必须调整对子孙的培养方式，以适应社会的现实。

在日常生活中，各类人际交往总是在所难免，维系良好的人际关系不仅可以润滑自己的各类社会关系，还可以更好地提升自己，让周围的良好磁场辅助自己勇攀胜利的高峰。保持良好人际关系的关键，就在于读懂别人的需求，尤其是不便言说的内在需求。比如在商业谈判中，有些时候转折点就在于深入了解对方的内在需求并站在对方的立场上思考问题。我们可以通过细心聆听尝试理解对方的观点，从而更好地掌握谈判的主动权，并制定出更有针对性的策略，从而攻破对方的内心防线，赢取最后的胜利。

6.什么是清晰的社交语言

在现代社会的日常社交中，人与人之间的语言沟通占据着非常重要的地位。如果我们能够清晰地表达自己的意图，那么我们的人际交往能力会增进许多。如果我们面对的是睿智的交谈者，就别忘了顾及言辞的委婉，但委婉也并非终极目标，言语清晰、留有余地、最终成事才是真正的目的。隐晦不完全等同于委婉，而且无论如何，最重要的事情，永远是让对方明确接收到你的输出内容。所以，无论是为了获得感情联结而进行的交谈，还是出于功利性目的而进行的交谈，都要遵循一个原则：良好的沟通一般都不太复杂。因此我们要理清自身的观点，尽量使用清楚明晰的社交语言，在友好的氛围中获得一场有意义的高质量交谈。

魏文侯的嫡长子名叫魏击，自幼备受魏文侯的重视，是魏文侯非常喜爱的继承人。魏击幼年时魏文侯就聘请大儒田子方教导他。后来，魏国为了控制属地较远的中山国，便封太子魏击为"中山君"，并派忠臣李悝辅佐魏击。单纯看表面的话，魏击似乎是被重用了，但实际上其继承人的身份却不再明朗，为了能继承魏文侯的位子，魏击必须返回国都。

三年后，赵仓唐经过选拔，成了魏击的谋臣，他的出现带来了事态的转机。赵仓唐先是点破了主上魏击与父亲魏文侯三年没见面，已经有了隔阂，又请命出使魏国都城，面见魏文侯，在探明文侯的喜好后，赵仓唐就带着礼物来到了魏国的国都。

魏文侯见到赵仓唐后，问他说："击，好吗？"赵仓唐只回答一个字："唯。"由于赵仓唐的回答很模糊，让人无法理解，于是文侯又重复了一遍问题，但赵仓唐又重复了一个"唯"。

这让魏文侯感到很不高兴，质疑他"唯"是什么意思？赵仓唐解释道，他的主上已被封为中山国的主公，魏文侯可以直呼其名，但他不敢，所以不知道该怎么回答。魏文侯明白后，改口道："中山君的状况如何？"赵仓唐又回答说，他来拜见魏文侯时中山君亲自送他上的车。赵仓唐的这番话隐喻很深：首先说明魏击目前身体状况良好，此外，还说明魏击对这次派出使者觐见父亲的事情非常看重。

魏文侯又问："中山君长高了吗？和我身边的侍从相比，谁更高？"而按贵族礼仪，身份不相当不能比身高，否则是极其不礼貌的。因此，赵仓唐看了侍从一眼，回答："身份不当，臣下不敢对比。"

魏文侯因魏击为自己的子嗣，因此称呼十分随意。而赵仓唐尊称魏击为主上，才不敢轻易回答。这时，魏文侯也意识到了魏击的身份变化，改口询问魏击与自己的身形对比如何。赵仓唐巧妙地回应道："臣不敢进行对比，但是您赐给我家主上的服装都不需要太改动尺寸，挺合身的。"魏文侯非常高兴，觉得赵仓唐很会说话。于是又问道："中山君最近读什么书呢？"赵仓唐回答说："在学习《诗经》。"魏文侯又问："他最近学习了什么诗呢？"赵仓唐回答说："《晨风》和《黍离》。"这两首诗都出自《诗经》里面的"风"，诗中的意思是深深想念的人却不能见到，因而十分思念之余也在嗔怪对方忘了自己。魏文侯知道诗句的意思，因此笑言道："你家主上这是心有埋怨呀。"赵仓唐立刻回答说："我家主上一直深深地挂念着您，是一定不会埋怨您的。"但这里面诗句的意思，就是直指父亲将自己扔到了远离家的地方。通过这两首诗，赵仓唐清晰准确地传达了魏击的心意。当然，魏文侯也听明白了，便立刻让左右侍从准备一套衣服，放进了一个大箱子里，嘱托赵仓唐给中山君魏击带回去，临行前一再嘱咐，务必在天蒙蒙亮之前送达。

赵仓唐当然不敢轻慢，驾着马车一路狂奔，在天亮前把箱子交到了魏击手上。魏击对着赐物行礼后，打开了箱子。只见里面的衣服摆放得很乱，赵仓唐见状惊恐万分，以为是自己路上过于颠簸弄乱的。但是魏击不但没怪罪，反而特别开心地对他说："快备马车，君上这是召我回去觐见呢！"赵仓唐十分疑惑地问道："我离开的时候，没有收到召见你的命令啊？"魏击便吟诵了《诗经》里名为《东方未明》的诗——"东方未明，颠倒衣裳，颠之倒之，自公召之"。魏文侯就是在暗示儿子"自公召之"。魏击准确地理解了父亲带给自己的暗号。就这样，魏击回到了魏国，恢复了太子之位。

不得不说，赵仓唐、魏文侯和魏击都是社交高手，善于使用清晰的社交语言。前396年，魏文侯召见吴起、西门豹等重臣，命其辅佐太子魏击，不久后，文侯病重去世，魏击继承王位，号"魏武侯"。

语言能够很好地增进感情，但如果用词不当，说话含含糊糊，就有可能会使一场交谈陷入尴尬的局面。尤其是在今天这个高速发展的信息时代，已经有越来越多的人修炼、提升了自己的语言能力，能够委婉清晰地表达自己的意愿。语言原本只是技术，但却有人把它修炼成了艺术。良好、清晰的谈吐是提升人际交往能力的一种重要素养，社交语言技巧更是一门学问，我们都是沉溺于这门学问之中的莘莘学子。因此，我们要不断丰富自我，在这条修炼嘴上功夫的路上，学无止境，勇攀高峰。

7. 说话也要顺势而为、因时而动

我们常常会被提醒要"顺势而为""因时而动",意即我们需要根据不同的环境和情境,灵活调整自己的言行举止,以达到与他人有效沟通的目的。因此,要想把自己的观点和意见传递给他人,令他人听从、信服,就必须说顺应局势的话,而不能胡乱逆局势下指令。同时,我们还需要根据对方的身份、需求和心理状态,以及当前的环境和局面,适时调整自己的态度和表达方式。顺势而为是我们在日常交流和表达中应灵活运用的原则。只有顺应潮流、善于适应变化,以及恰当地根据具体情况和场合调整自己的言行,才能达到最有效的沟通、理解、协商和合作的目的。

《三国演义》中对诸葛亮初次登场的描写极具巧思。当时,刘备被追杀,正奋力逃命,在檀溪偶然间与隐居山野的水镜先生司马徽相遇。刘备恳请司马徽出山相助，而司马徽却称自己是山野村夫，无意涉足官场纷争，但是却言及当世两位非凡人才：就是素有"卧龙、凤雏，得一人可安天下"之说的诸葛亮和庞统。

其实，刘备手下本来有个得力谋士徐庶，非常具有智慧，深得刘备信赖。但遗憾的是还没辅助刘备多久，就被曹操骗回了曹魏。在徐庶临行前，他向刘备推荐了卧龙先生诸葛亮。当时，刘备好奇地问徐庶和诸葛亮谁的才华更大一些，徐庶谦虚地自比为"驽马"和"寒鸦"，而诸葛亮则被比作"麒麟"和"凤凰"，言谈间一直说诸葛亮是可遇不可求的人才。他劝诫刘备，如果要请得诸葛先生这位大才相助，必须亲自前往，不可轻率派人去请。

前面一连串的"宣传活动"让刘备彻底成了诸葛亮的粉丝，而接下来则是激动人心的见面时刻了。前两次拜访，诸葛亮都不在家，刘备带着关张二弟均以失败告终，第三次可能是选的日子凑巧，诸葛亮在家，但是他在午休小憩，给张飞气得够呛，甚至想要在诸葛亮草堂上点火，好能让他快点起来。刘备让关张二弟在茅庐外等候，自己则在门口处等待。刘备和关羽、张飞这三个难兄难弟在寒冷的雪地里站着等了半天，终于等到诸葛亮睁开了眼睛。一醒来诸葛亮便吟诵了一句诗："大梦谁先觉，平生我自知"，这满腔的才华瞬间让刘备眼前一亮。

刘备在诸葛亮的隆中草堂里提出了自己最关心的问题："东汉天子无能，奸臣控权，国运衰败，天下大乱。我现在希望能够展现大义于天下，请问诸葛先生有什么指点或者教诲可以提供给我吗？"

接下来诸葛亮的回应，就是《隆中对》这篇名篇中的内容，也是为他日后辉煌人生奠定的第一块基石。诸葛亮将回答分为了四个部分。

首先，自董卓以边帅的身份进入京城以来，天下英豪纷纷涌现。和袁绍相比，曹操的规模小，名气小，但是曹操能够以弱胜强，击败袁绍，这并非靠天时，而是靠人之智谋。因此，只要用心经营，弱小也有可能击败强大，这段话，诸葛亮是在提升刘备的信心。

而后，诸葛亮说，曹操已坐拥百万大军，还能挟天子以令诸侯，因此不应直接与他硬碰硬。江东地势险要，在孙坚、孙策及如今孙权的领导下，百姓都很归顺，所以可以与江东结为盟友。这时，诸葛亮基本为刘备指出了大方向，即谁是敌人，谁可以成为朋友。

再之后，诸葛亮为刘备详细分析了地理环境。荆州北据汉沔，南临南海，东端能通吴会，西至巴、蜀之地，是兵家必争之地。益州的统治者刘璋势弱，他的北方有张鲁虎视眈眈，这个小国虽然富有却缺乏一位英明的君主。所以，可以夺取这两个州，作为建立根基的起点。

最后，诸葛亮还给出了实操的具体策略：依靠荆州、益州的地理优势来保障自身安全，同时与西方的戎族建立联系，南方安抚夷越，外联孙权，内修政治，一旦时机成熟，派一位优秀的将领率军进攻宛、洛，刘备则亲自率领大军进军秦川，形成两线进攻，这样，洛阳、长安必定会被收复，汉室将会得以复兴。

诸葛亮的观点如同给黑暗中的刘备点亮了一盏明灯，照亮了他内心长久以来的迷茫。至此，刘备的心彻底被诸葛亮俘获了。关羽和张飞对此很不屑一顾，认为诸葛亮在纸上谈兵。刘备却说："孤之有孔明，犹鱼之有水也。愿诸君勿再提此事。"意思是他将自己与诸葛亮的关系比作鱼儿与水之间的亲密依赖关系。

顺势而为、因时而动是指要带着智慧去沟通的行动原则，适用于人际交往的各个方面和各种工作场景。顺势而为、因时而动的意思就是我们要根据具体情况和对方的需求，调整自己的表达方式、内容和说话的态度。懂得顺势而为的人，懂得顺应规律，他们不会强势出手，而是会根据实事、时局的要求，再做出正确的决策。在职场中，说话顺势而为和因时而动更是获得成功的关键因素。大部分功成名就的人，都是顺势而为的典范。有句话说得好："方向不对，努力全白费。"因此，每一个人都应该紧跟局势变化和竞争趋势，及时调整自己的言谈策略和方法，这样不用太过刻意，顺其自然便可获得对自己有利的局面。

8. 一言一语，也可搅动风云

擅长言辞的人，开口之间便能搅动风云，这并不是因为其音色悦耳如黄鹂啼鸣，而是因为其言辞内容震撼人心，发人深省。唯有深入剖析、清晰明了地阐述局势与态势，方能为自己与对方阐明利害得失，进而达成共识，促成合作。要想掌控局面，必须建立在知己知彼的基础之上，一针见血地点明局势要害。如此，方能确保思路清晰，决策果断，立于不败之地。

张仪本是魏国安邑人，曾拜著名隐士鬼谷子为师，学成后入秦，成为秦国瓦解六国合纵的重要力量。

秦国本是战国七雄中最厉害的诸侯国，在一对一的情况下，可以轻松对战其他六国，但六国一旦采取联合的策略，秦国就会立刻陷入危险之中。那么如何化解这场危机呢？秦国采取的办法是分化瓦解，各个击破。作为先秦时期的话术高手，张仪先后出使六国，将这个脆弱的联盟一一瓦解。在每一场交谈中张仪都将语言的力量发挥到了极致，以张仪和魏王的对话为例。张仪问魏王："秦国比之以魏国，谁更强大，谁更弱小呢？"魏王倒是十分铮铮铁骨，回答道："秦国强大，魏国也敢应战，而且现如今，我和韩、齐、楚、赵已结成同盟，还有什么可担忧和惧怕秦国的？"听闻此言，张仪笑着回答道："我听说魏国士兵一向骁勇善战，但魏国土地绵延不到一千里，能出征的士兵还不足30万人，与他国接壤，但边境守军还不到10万人，地势上也不占先天优势，可以说是一马平川，完全没有高山与大河等作为屏障，如此境地，怎么还敢妄图讨论与秦国对抗？现如今，魏国虽然暂时与他国结盟，但亲兄弟还会为了争夺利益而反目成仇，更何况是雄霸一方的诸侯们呢？你们的结盟是不足以仰仗和依靠的，魏国如果不是秦国的盟友，秦国就会快速占领河外、酸枣等地，之后趁势出击，进攻魏国。只要拿下阳晋，赵与魏之间就断了联系。到时候赵国就不再有南下的渠道，你们也就无法北上了，彼此都不能再相聚，所谓的盟约誓言还有什么用处呢？"张仪说完了这些话，魏襄王就舍弃了与他国的盟约，一门心思开始追随秦国的步伐。

那么，张仪是如何说服魏王的呢？首先，他指明了魏国的先天不足，比如其内部版图，不足千里，在纵深上面没有什么优势，一旦失败，并无任何退路，直接就是灭国，毁的是根基。此外，举国上下还不满30万士兵，又都是平原，地形上全无优势，也没什么能够调动的资源——简直就是毫无依仗，在这种不利的形式下，再与强大的秦国为敌，自然就是以卵击石。此外，他还讲明了列国都是只注重利益、不顾及仁义的狠角色，只要是以利益诱导，各国都会背弃盟约，背叛自己的兄弟国家，是完全不应该指望的。最后，他还火上浇油，恐吓魏王，说如果秦军占领了魏国的军事要塞，之后魏赵两国就会彻底隔绝开来，结盟的意义也就不复存在。

在这一局的对话中，张仪一步一步牵着魏王的鼻子把他引入了自己的话术织成的圈套中，从而使魏国与各同盟国之间产生了一道巨大的裂缝。而张仪此番之所以能够成功，是因为他对魏国有着绝对深入的了解。此后，魏王还将其任命为自己的国相，这使得他更加充分地了解了魏国的国土国情、人员兵力组成、防御状态等基本情况，但他却是秦国的间谍，来到魏国谋取信任也只是为了以后能够更好地帮助秦国。

后来张仪在楚国待了一段时间，又赢得了楚怀王的信任，他运用多种话术，竟逐渐将赵、齐、燕等国的诸侯王全部算计了一遍，最终帮助秦国实现了霸业。

汉代文学家刘向曾说苏秦和张仪这种富有才华的人，哪个诸侯国能够有机会依靠他们，就能实现地位的跨级提升，否则，就会国运衰败——那是一个智者操纵天下的时代，他们仅仅依靠一张利嘴就能建功迭代。

张仪的故事强调了深入了解对手和环境的重要性。他之所以能够成功地说服魏王和其他诸侯王，是因为他对各国的情况和利益冲突有着深入的了解。这种了解使他能够准确地分析形势，制定出针对性的策略。此外，张仪展示了语言和话术的巨大力量。他通过精妙的语言和话术技巧，成功地瓦解了六国的合纵联盟，为秦国的崛起铺平了道路。这告诉我们，在现代社会中，良好的沟通技巧和表达能力对于个人和组织的成功至关重要。无论是商业谈判还是日常生活中的人际交往，善于运用语言和话术，都能够帮助我们更好地达到目的，赢得他人的信任和支持。

9. 好口才有时胜于百万雄师

据说，兵法的最高境界就是"不战而屈人之兵"。有时候，巧妙运用话术，言之有物，讲明道理，剖析清楚利害关系，比百万雄师的作用还大。一个人可能是个人才，有各种各样的良好素质，但他不一定有好口才。一个人如果有一副伶牙俐齿的好口才，那么他一定也是个人才。因为口才里蕴含着大智慧。想要说服一个人，关键之处不在于说话者有多么委婉的技巧，也不在于他是否有多么强大的心理素质，而完全在于他能否研判事态的走向，做出准确的判断，提前摸清被说服的一方的心里真实意图和愿望，然后再用语言去打动，成功行事。如此，便是成功掌控了局面，让态势顺应自己的意愿。

子贡是孔子的学生，是孔门十哲之一，复姓端木，名赐，是一位非常有水平的话术大师。春秋末期，田常独揽齐国大权，为了进一步发展其在齐国的势力，决意要进攻鲁国，孔子听说了这个消息后，就让自己善于外交的弟子子贡前往齐国游说，解救鲁国。

于是子贡就前往齐国，他一见到田常，就开门见山地问道："听说您意图讨伐鲁国？"田常认可了这个说法，说道："是的。"子贡说："大夫真是善人，竟把好处全部留给了别人。"田常一头雾水，不明所以地说道："这话怎讲？还请先生赐教。"子贡说："听说大夫之前曾经向齐王请封了三次，但贵族们都上书反对，齐王也拒绝了您，现在如果您攻打赢弱的鲁国，由于距离很近，不日即可胜利，到时候国君壮大了威风，还巩固了自身的权利，您到头来可是什么都获得不了呀？"于是，田常问道："那现在我应该怎么做呢？"子贡又说道："我认为您反倒是应该去攻打位于南面的吴国，吴国很强大，距离齐国又很遥远，一旦失败了，士兵们在外征战而死，齐国国君在国内的形象会受损。而且，朝中的贵族都前往外地领兵打仗了，更有利于您掌管朝政。"田常说："但现在我已经派士兵们去攻打鲁国了，现在转道又要进攻吴国，有人质疑怎么办？"子贡说："这个好办，您可以先下令让军队停止进攻，我会前往吴国，让他出兵来救鲁国，这样，您不就有进攻吴国的理由了吗？"田常听后欣然应允。

子贡来到吴国，对吴王说："我一直听说大王想做春秋的霸主，领导诸侯，但现在齐国要出兵攻打鲁国，一旦他吞并了鲁国，就会限制吴国的称霸大业，现在您去救鲁国，可以打压齐国、获得美名，并对晋国起到敲打的作用，这难道不是一举好几得的事吗？"

吴王夫差同意了，但他又担心越王勾践趁机对自己用兵，就说要先灭了越之后再去营救鲁国。

子贡说："等您灭了越国，估计鲁国已经灭国了，你担心越国不安分，我可以让越国与你一同出兵，这样越国国内仅存的兵力，想来也起不了什么特别的作用了。"

于是，子贡又前往越国。一到越国，子贡就对越王勾践说："我是来救大王您的。"越王表示没听明白，请子贡详细说明。于是，子贡说："吴王准备去救援鲁国，但他担心您搞突袭，预备要灭掉越国再去救援鲁国。"越王吓了一大跳，连忙说："还请先生赐教。"子贡说："夫差残暴不仁，忠言逆耳他不爱听，反倒是倒行逆施，四处征战。他好大喜功，百姓们都敢怒不敢言，现在你派兵协助吴王，待他与齐国大战一场后，损兵折将，您就有了复仇的机会。如果吴王大获全胜，则会向晋国耀武扬威，到时候我可以游说晋王，攻打吴国，吴国刚刚经历了和齐国的一番血战，一定会败给晋国的，您还可以趁机灭了吴国。"

越王接受了这个提议，并给吴王送去了一支精锐部队，吴王非常高兴，立刻率军出征。此时子贡又代表越国来到了晋国，他对晋王说："吴国攻打齐国，如果失败了，越国就会追击他，如果胜利了，他就会前来攻打晋国。"晋国立刻在边境布满了大军，吴国击败了齐国后，鲁国立刻松了口气，但吴王十分狂妄，又要进攻晋国，可是由于疲惫作战，大败而归。越王勾践听说后，立马向吴国发起进攻，结果当然是吴国接连战败，很快就灭亡了，越王最终成为春秋时期的最后一位霸主。

在这一轮外交中，子贡在多国之间来回周旋，诉说利害关系，各国首领都完全听从和信任他，他不仅保全了鲁国，阻止了田常篡位，灭了骄傲的吴国，还使得越国复国，助其称霸，简直是将口舌之能发挥到了极致。

子贡通过精妙的外交策略和言辞，成功解决了鲁国面临的危机，并在整个过程中巧妙地操控了各国的利益纷争，最终促成了一系列复杂的政治和军事事件。这个故事对现代人有多方面的意义。首先，我们要掌握良好的沟通技巧，用精准、有逻辑的语言来表达自己的观点，以说服和影响他人；其次，我们要善于观察和分析，了解他人的需求和利益，这样才能更好地进行沟通和合作。最后，我们要具备大局观念和长远眼光，不仅要关注眼前的利益，还要考虑到未来的发展和影响。

总的来说，强大的口才有助于我们在各种局势中游刃有余，因此我们一定要多多练习口才。

第四章

修心：
唯有内心强大，才能掌控局势

1. 成大事必须有胸襟与气度

　　胸襟与气度不仅是成功者成就大事的必要因素，还可以展现一个人的素养与人格魅力。胸襟宽广的人不会陷入一时一刻的得失之中，也不会被狭小的纷争所困扰，而是能够包容多样性，拥抱与己方不同的观点和意见。胸襟宽广的人善于接受来自各方的挑战和变化，勇于直面困难和逆境，在此过程中他一定会遇到别样的机遇。气度体现了一个人的风度和修养，拥有高洁的气度意味着不管这个人身处何处，都能够保持冷静、自信和从容，不受外界干扰。具备大气量的人会更懂得宽容和谦逊，他们能更好地与他人和谐相处，并且在团队中发挥润滑剂的作用。他们能够倾听他人的意见和建议，平等待人，尊重他人的努力和付出。胸襟与气度相辅相成，互为补充。一个人若没有胸襟，眼界狭窄，则无法在思考中、实践中做到开放和创新；如果没有气度，性格浮躁，容易乱发脾气，则对他人不够尊重和体谅。因此，只有具备了一定的胸襟和气度，一个人才能真正成为管理者、上位者，领导团队走向成功。

岑彭，南阳郡棘阳县人，东汉开国元勋，在云台二十八将中排名第六。他做事极具大胸襟、大气魄，为光武帝刘秀集结了很多能人志士，因此深得老板刘秀的青睐。刘秀打天下时立功的将才有很多，但岑彭的功劳在众将领中尤为突出。岑彭在一系列战事中表现出来的大义和守信，是刘秀最终赢得天下的关键因素之一。同时，岑彭爱惜人才也一向为天下人所熟知。

一开始，岑彭担任的是棘阳县长。后来，刘秀的哥哥刘演率兵反击王莽政权，很快棘阳就沦陷了，岑彭只好带着一家老小投奔南阳太守甄阜。甄阜不断地责怪岑彭，埋怨他没有守好县城，还扣押了他的家人。万般无奈之下，岑彭只好带着少量士兵与刘演作战。不久甄阜战死，岑彭不再受其束缚，收拢队伍，向宛城集结，试图继续抵抗刘演的进攻。在被围攻几个月后，城里的粮食都吃光了，再拖下去就要人吃人了。在此危难关头，岑彭不愿意累及百姓，便大开城门，走出城外，向刘演的部队投降。

刘演的不少下属都在岑彭这里吃过亏，因而十分恨他，纷纷建议刘演杀掉岑彭以泄愤。刘演早就听说岑彭是非常不错的人才，为人有大丈夫的胸襟，做事又有气魄，便向忙于打击王莽政权的更始帝刘玄上书，请求饶岑彭一命。最后，更始帝封岑彭为归德侯，归在刘演的麾下。

再后来，更始帝听信谗言，认为刘演不忠，于是将其杀害。这让刘演的弟弟刘秀伤心不已，从此不再与更始帝刘玄同心同德。

刘演死后，岑彭辗转投奔河内太守韩歆。更始帝二年（24年），刘秀的军队向河内进发。岑彭屡次劝韩歆投降，但韩歆始终不肯，最后实在不敌，才被迫投降。刘秀要诛杀韩歆泄愤，岑彭说："我本是刘演的下属，他对我有知遇之恩，还救过我的命，我还没报答他，他就死去了，我心中永远记得这件事。今天能辅佐他的弟弟，我愿意誓死效忠。"他还劝刘秀说韩歆是个君子，是个优秀的将领，是争天下的战争中必不可少的人才。刘秀听了这话非常高兴，不仅免去了韩歆的罪责，还加封岑彭为大将军。

更始帝三年（25年），刘秀认为河北千秋亭是个风水宝地，于是在此称帝，史称汉光武帝，登帝仪式一结束，他立刻任命岑彭为廷尉。是时，更始帝方面的大司马朱鲔花尽力气，坚持要守住洛阳，刘秀带领11员大将一起出战，围困其数月都没能攻破。后来，岑彭献计，要劝降朱鲔，刘秀同意了。尽管朱鲔曾参与谋划杀死刘秀的兄长刘演，但这是各为其主，现在刘秀既已称帝，便不会以私害公，并对朱鲔做出了承诺，称投降后不会对其报复。

得到首肯后，岑彭便领命去城下劝降，岑彭对朱鲔说："我从前曾承受您的恩情，总想回报但没有合适的机缘，更始帝现在即将亡败，您跟着他没有意义，还在这里坚守做什么呢？"朱鲔还是很犹豫，害怕遭到清算，岑彭见状便承诺一定保证他的安全，于是朱鲔同意投降。后来，朱鲔被刘秀封为扶沟侯、平狄将军。

刘秀称帝后，一直到第五年，交趾郡、荆州等地方依旧战乱不断。于是，岑彭便给交趾州牧邓让带去口信，详细介绍了光武帝的英明神武、仁政与威福，因此，一兵一卒未发，便使其归附于东汉政府。岑彭又在江南地区发布檄文，结果江夏、武陵等郡陆陆续续都归附于东汉政府。在岑彭的帮助下，光武帝用较小的付出就快速统一全国，建立了一番霸业。

由此可见，岑彭是难得一遇的帅才。其高瞻远瞩的目光、广阔的胸怀，能够广泛地吸纳多方面的人才为自己所用。在光武帝刘秀拓展事业过程中，以岑彭为代表的贤能之士起到了关键作用，一大批能征善战的武将为刘秀打败王莽立下了汗马功劳。

　　宽广的胸襟和不凡的气度是取得成功不可或缺的品质。开阔的胸襟能让我们更平和地欣赏多彩的世界，包容不同的观点，摒弃狭隘的局限；使我们敢于面对挑战，勇于迎接变化，不畏艰难，不畏险阻。而高雅的气度则使我们在任何环境下都能保持冷静、自信和从容。它促使我们与人为善，尊重他人，相互理解，最终与我们的得力助手并肩前行。胸襟与气度让我们走出狭隘的圈子，纵览更广阔的天地，培养我们深度思考的能力，带领我们探索人际交往的智慧，使我们具备面对复杂挑战的勇气与定力。拥有胸襟与气度的人能以身作则，以谦逊的姿态指引他人，并在团队中取得卓越的领导效果，能以开放的心态聆听他人的意见，善于合作与协调。因此，只有具备胸襟与气度，我们才能在事业中实现更大的突破与成就，展现我们与众不同的价值。

2. 强化纪律是管理者的职责

　　要想成为一个优秀的领导者，就要在管理部下方面有卓越的能力。要想有效地管理部下，就要建立起信任度，与部下保持紧密的联系和良好的交流。不仅关心他们的身体和生活，还要聆听他们的意见和建议，与他们共同制定决策。在任何一类管理方法中，严格的纪律都是不可或缺的。制定一系列严格的规章制度，明确部下的职责和行为准则，对违规者实行严厉的惩罚，这将使得团队中的每个成员都清楚自己的角色和责任，从而增强部下的服从度。一个优秀的领导者应以信任为基础，强化纪律，培养能力，增强团队凝聚力和合作精神，使团队中的每一个参与者都为实现团队的共同目标而不懈努力。

　　彭越是汉初的一位杰出将领，他在楚汉之争中因袭扰项羽的后方而立了很大的功勋，因此汉高祖封他为梁王，与韩信、英布一同被誉为"汉初三大将"。彭越的出身较卑微，早年靠捕鱼为生。在秦末时期，各方豪强纷纷起义，彭越也借机组建了自己的队伍，干起了拦路打劫的事。

陈胜和吴广发起反秦起义之时，彭越也在湖泽聚集了一群强盗，许多年轻人都来加入他，并拥护彭越起兵反秦。然而，彭越并没有立即答应，而是选择观望。

一年后，这些年轻人再次找到彭越，请求他成为他们的领袖。尽管彭越再次拒绝，但年轻人们仍然坚持。彭越无奈之下，最终同意了他们的请求，但前提是他们必须听从他的命令。

彭越还制定了一条严明的规定：第二天早上日出时还在此处集合，迟到的人将被处决。没想到，到了第二天，有十几个人迟到，其中一个人甚至到了中午才到。彭越大怒，但因为人数众多，不好全部处决，就按照规矩处决了最后一名迟到的人。至此，众人的神情才变得严肃，再也不敢像之前那样散漫，甚至不敢直视他的眼睛。彭越让大家建造土坛，并且用迟到那个人的头颅进行祭祀，还说这就是他们起义的宣言。一开始这些人只是一群毫无章法的游兵散将，经过彭越的训练后，他们变成了一支纪律严明、听从指挥的高质量战斗部队。很快，彭越的团队就壮大到了1000多人。

彭越在刘邦的起义军攻打昌邑时前去支援，但是战败了，刘邦带领他的队伍向西撤退，彭越则选择留在巨野泽中，从此与刘邦产生了深厚的交情。项羽暂统天下后，封授了各路诸侯为王，这时的彭越手下已有万人。

前206年秋天，齐国后裔田荣起兵反叛了项羽，自立为王。他派使者带着将军印信找到彭越，任命他为大将，令他率军攻打济阴楚军（今山东菏泽定陶区西北）。项羽派大将军萧公角迎击，却被彭越打得节节败退。

一年后，刘邦率领一众诸侯与项羽开战，此时彭越手下已达3万人之多。到了这个时候，彭越终于因为在战争中收复了魏国故地上的十几座城池，被魏王豹任命为魏国的相国。由于善于管理部下，彭越的实力一直在逐步扩张，立下了赫赫战功，最终从一个土匪头子逆袭成为诸侯王，也算不负自己的多番努力和筹谋。

在现代社会，管理部下是领导者必不可少的职责之一。有效的管理不是肆意指挥下属，而是建立合作关系、激发潜力，为实现共同的目标而付诸努力。比如，领导者可以在严明纪律的基础上建立良好的沟通渠道，倾听部下的意见和想法，理解他们的需求和困扰，及时解决问题和提供支持，这样更能够增强团队的凝聚力，提升员工的工作效率。此外，在分配任务时，管理者也应该根据每个人的特长和潜力来安排，充分发挥每个人的优势，实

现团队的整体效益。最后，管理者需要展示榜样的力量。作为团
队的领导者，管理者更应该以身作则，言行一致，通过自身的行
为和态度影响和激励部下，引领他们树立正确的价值观和工作态
度，推动团队向着共同的目标前进。

3.将欲取之，必先予之

历史上，秦惠文王曾有过一句名言："将欲取之，必先予之"，某种程度上点明了成功的另一条路，即如果我们想要打败一个人，有一个办法就是放大他的贪婪，放纵他的欲望，让他自己造成内耗。仔细观察，我们就会发现这个策略在现实生活中也同样适用。贪婪和纵欲是人性中最大的两个弱点，很多人会被它们驱使而追求权力、金钱和物质享受。因此，放大一个人的贪婪和欲望，就等于使他陷入一种无休止的追求之中。通过制造更多的诱惑和机会，让他为了满足贪婪的心理而不断盲目追求，最终耗尽他的全部资源和精力。这在现代社会也是一种常见的策略——想要击败对手，不是一定要发生激烈的碰撞，还可以利用对手的贪婪，放大对手的欲望，让其膨胀，自毁前途，自寻灭亡。

巴蜀地区有巴、蜀、苴三个小国家和几个小部落，秦国一直有意将其纳入自己的版图。从巴蜀地区通向楚国有一条大河，是一条非常方便的水道。《华阳国志》中也曾记载，如果能夺得蜀地就能掌控楚国，而楚国灭亡，天下就将统一。

因此，兼并巴蜀地区对于秦国实现天下大一统有着重要意义。可是，从秦国到巴蜀的这一路上充满了险山峻岭，通行十分困难。如果秦国投入巨大力量修筑道路，不仅需要花费多年的时间，还会耗废大量的人力、财力和物力。更有可能，道路还未修建完，秦国的扩张领土计划就暴露了。巴、蜀等小国虽然规模较小，但却凭借险要的地形，形成有效的防守，因此，秦国的计划很可能会以失败告终。

如何能以最小的成本换取更大的收获呢？答案在于利用人性的贪婪。秦惠文王知道蜀君的贪婪本性，他也明白"将欲取之，必先予之"的道理。他悄悄安排石匠雕刻了五头大石牛，并散播消息宣称这些石牛是传说中的神牛。随后秦王命人在石牛的屁股下偷偷放了很多的黄金，并声称这些黄金是神牛体内出来的。蜀君很快就得到了这个消息，他立即派遣使者前往秦国，希望能够得到这些传说中的"神牛"。秦王答应了蜀国的要求，但忽然又面露难色，告诉使者说："秦蜀之间的道路不通，充满险阻，蜀道之难，就如同上青天一般，秦国是没有能力将这些神牛送到贵国的。"使者听后很快返回蜀国，并将秦王的这番话禀报给了蜀君。

蜀君听后欣喜若狂，立即命令五名壮士带领民众铺桥修路，连接蜀国和秦国之间的交通。蜀国耗费全国之力，终于修通了秦蜀之间的道路，因为是为了运送神牛，所以蜀国修建的桥梁极为耐用，栈道承重也是极好。在将神牛运来的过程中，蜀君的五名壮士中有四人死了。牛被运回蜀国后，蜀王才发现自己被欺骗了，但他也没有什么报复的好办法。后来，他修建的道路被叫作"金牛道"，成为秦蜀之间贸易和往来的必经之路，在这条道路上往来的不仅有秦蜀商人，也有很多谍报人员。

后来，蜀国意图要兼并苴国。苴国无力自保，遂辗转向秦国求援，于是秦国有了出兵的理由。夺取巴蜀之地，能大幅扩展秦国疆域；获取巴蜀资源，能增加秦国的人力，增强经济和军事实力。因此，秦王审慎考虑后，命令军将率领大军，经金牛道进攻蜀国。结果不言而喻，蜀军实力不敌秦军，蜀军大败。蜀君惊慌失措地想要逃亡，但被追击的秦军给杀死了。蜀国最终彻底灭亡，巴蜀地区正式纳入秦国的版图，秦国一跃成为当时最强大的诸侯国家。

成功的人都善于利用人性中的弱点。贪婪一方面反映了人的进取心，但另一方面也是人的重大缺陷，因为它会将人引向陷阱，使人落入他人设下的圈套。秦国恰恰利用了蜀君的贪婪，导致蜀君放弃了自身的战略优势，最终踏上了自取灭亡的道路。在现代社会中，我们常常面临着各种竞争和争斗的局面，打败他人的最佳办法恰恰就是予利于他，促使其膨胀和盲目，使其最终自掘坟墓。当然，成功也不一定是击败他人，有时候予利于他人，也会得到正向反馈，获得良好的回报，这也是"将欲取之，必先予之"的引申含义，更好的结果永远是双赢、是共同进步、是汇集更多的力量。尤其是通过学习、实践和不断地反思，我们可以在满足彼此需要、互相补充能量的基础上，不断促进彼此的进步，并在竞争中取得更好的成绩，共同为实现一个美好的目标而努力奋斗。成功不仅取决于个人的努力，更取决于与他人的合作和协作。一予一取之间，格局打开，会收获别样的天地。

4.为什么总说要低调做人

　　低调的人往往能够更好地面对周围环境的变化，更不易受到人际关系的困扰，从而能保持一种平和的心态和稳定的情绪去处理自己周遭的事物。低调做人并不意味着沉默和退缩，而是在言行中散发出一种谦逊、自律和内敛的品质。低调的人不追求张扬和炫耀，而是善于在静心中思考和自我反省。他们懂得适当地保留自己的能力，不会轻易表露于众人之前，这样不仅能够保护自己的安全和隐私，也能避免麻烦和纷争。此外，低调做人还能够帮助我们更好地与他人相处。过分张扬和嚣张往往会引起他人的反感和排斥，低调的人则更容易受到他人的喜欢和信任。因此，要善于倾听和包容他人的意见和看法，要做到能够与他人和谐相处，避免因自以为是而引起不必要的纷争。总体来说，低调做人是一种处事的智慧，能够让我们在纷繁复杂的人际关系中保持平静和谐的心态。

郭子仪是唐朝人，是当时著名的军事家和政治家，在安史之乱中立下了赫赫战功，某种意义上来说，他功绩堪比重建了大唐江山。与其他一些被"狡兔死，走狗烹"的功臣不同，郭子仪得到了唐肃宗、唐代宗和唐德宗三位皇帝的高度礼遇，唐德宗甚至把他尊为"尚父"，由此可见对他的礼遇。

最开始，郭子仪和李光弼都在节度使安思顺手下做事，但是他们互相之间有些矛盾，后来安思顺离任，郭子仪成了节度使。这时候，李光弼本以为会被杀害，只求郭子仪放过他的家人。但恰逢此时，安史之乱爆发，唐玄宗派郭子仪去攻打叛军。于是，郭子仪对李光弼说："现在咱们国家发生了叛乱，皇上都躲了起来，咱哪能为了私仇不管国家。希望你我可以联手为国。"听了这话，李光弼顿觉羞愧，从此两人冰释前嫌，联手平定安史之乱，立下赫赫战功。

在与吐蕃大军作战时，郭子仪率军英勇抗敌。然而，一向与其不和的大宦官鱼朝恩派人掘了郭子仪父亲的坟墓，这一举动立刻引发朝中大臣的骚动和担忧，怕郭子仪因此举兵谋反。郭子仪凯旋后，却展现出深明大义的胸怀，他坦然地面陈代宗皇帝，表示自己领兵打仗多年，从来未能禁止士兵扰民及破坏百姓的坟墓。如今，他认为父亲坟墓被掘实际上是上天的惩罚，而不是因为个人的恩怨。郭子仪的这番话让代宗皇帝深感敬佩，感叹其胸襟宽广，心中的疑虑也随之消散。

《资治通鉴》中有这样一段描写："汝倚乃父为天子邪？我父薄天子不为！"这段话的背景是：郭子仪的儿子郭暧成了皇帝的女婿，娶了代宗皇帝的女儿升平公主。有一天，郭暧和升平公主小两口发生了争执，于是郭暧出言挑衅："你不就是因为你父亲是皇帝才这么嚣张吗？"公主怒火中烧地回道："是又怎么样？"郭暧蔑视地说："我父亲还不在乎这些呢！"这番话让公主哭着跑回到皇宫，去向她的皇帝父亲告状。在获悉儿子郭暧的出格言论后，郭子仪感到十分震惊和痛心。于是，他立即将郭暧叫到跟前，进行了严肃的教育和训诫。为了表示诚意，郭子仪带着郭暧，亲自前往皇宫，向代宗皇帝请罪，承认自己教子无方。代宗皇帝深知郭子仪极为忠心，他一边安慰愤怒的女儿，一边向郭子仪表达了理解，表示小两口之间的争执和言语不当不必过于介怀。

待到郭子仪晚年，有一天，御史中丞卢杞前来拜访。当管家告知郭子仪来客是卢杞后，郭子仪立刻吩咐女眷全部回到后堂，且不得打扰。管家感到很奇怪，因为郭子仪的身份比卢杞更加高贵，所获荣誉更多，而且是皇室的姻亲，为什么会对卢杞的拜访如此小心谨慎呢？郭子仪说，尽管卢杞长相丑陋，心胸狭窄，但卢杞非常擅长巴结皇帝，因此肯定会得到皇帝的青睐和重用。女眷们见到长相难看的卢杞时，可能会发出笑声，即使不是嘲笑他，卢杞也会将这事记在心上，并且等待时机报复。后来的事实证明了郭子仪的担心，卢杞真的成功地晋升为宰相，并且名臣杨炎、颜真卿都因被卢杞记恨而惨遭陷害致死。

郭子仪一直以忠诚和诚信为人生准则，而且过着十分低调的生活。他有四个儿子被封为国公，孙女郭氏嫁给了广陵王李纯，后来李纯登上王位，郭氏又被封为贵人，生下了李恒（唐穆宗），因此后来成了太后。在郭子仪的子孙辈里至少有五个人娶了公主，连续几代都与皇族结亲，因而一度成为唐王朝最显赫的家族。要知道，在君主专政制度下，君王都十分多疑，李唐王朝却非常信任郭家，是因为郭氏一家始终保持谦逊、低调，当然，这也是郭子仪家族一贯的家风。

低调做人的重要性不容忽视。低调不是软弱和沉默，而是一种智慧和成熟的表现。低调的人懂得控制自己的言行，谦卑而自律。他们不喧嚣张扬，而是默默努力，用实际行动去展现自己的价值。低调的人注重内在修养，注重积累和沉淀，而不是浮躁和急功近利。他们善于倾听他人的声音，尊重他人的意见，能够与他人和谐相处。低调做人能够帮助我们更好地应对困难和挫折，保持一种平和的心态和稳定的情绪。他们总是能够保持谦虚和勤奋的品质，不骄不躁，不忘初心。面对失败，低调的人总能够从中汲取教训，不骄、不馁、不放弃，持续追求完善和进步。最重要的是，低调做人能够使我们更加脚踏实地，追求内心真正的成长和满足。不随波逐流，不被外界的声音和评价所左右，坚持自己内心的价值观和目标。因此，我们都要学会低调做人，用谦逊和自律去塑造我们的人生，以实际行动去影响和改变世界。

5. 好性格决定好运势

近年来，"宽厚"这个词语越来越流行了。"宽"的意思是做人要有雅量，能够容人，允许别人有过错或失误。"厚"的意思则是指厚德载物，仁厚无量。劝人宽厚就是劝人做人要大气，能设身处地为别人着想。面对进犯能够适度地忍让，适当地吃亏，不会受到一点点伤害就立刻打击报复、以牙还牙。宽厚是一种悠然、潇洒的态度，也是一种智慧的行事态度。宽厚能把一面墙化为一条通路，能把一个路障变成一道敞开的大门，宽厚的人走的路更宽、更顺、更远。因此，我们都应尽可能拓展自己的心胸，逐渐把自己修炼成宅心仁厚的人，而这样的人一定会给自己带来更多的福运。宽厚的人不仅条条大路都通畅，愿意帮助他们的同路者也会很多——宽厚的人在掌舵自己命运的时候，会有更多的机会和助力者，所以能更顺利地实现人生的良好控局。

北宋开国名将曹彬，曾在宋王朝的大一统战争中立下了很大的功劳，是宋太祖时期相当具有创新能力的人才。他为人十分宽厚，对上级领导能够保持谦虚，对下属也很平和，并不恃才傲物。他虽然和善，但依然能有力地约束手下的将士们，可以说他一直都是团队里的灵魂人物。

在成功降服南平高氏政权后，北宋又开始盯上了后蜀。乾德二年（964年）冬天，宋太祖任命王全斌为都部署，刘廷让为副部署，曹彬为都监，一同前去平灭后蜀。别的将领都默认允许士兵趁乱劫掠百姓，只有曹彬不允许部下胡乱行事。

后蜀灭国后，王全斌带领属下日夜饮酒作乐，胡作非为，完全沉浸在胜利的喜悦之中，曹彬多次提出班师回朝，让饱受战乱的蜀中休养生息，恢复民生。但王全斌全然不听劝告。一段时间过后，部分蜀兵因为待遇不公，不堪重负决定要发动叛乱，他们在阵营内部一呼百应，很快就聚集了十万人之众，并自封为"兴国军"。

朝廷终于决定要遣送蜀兵去中原地区，文州刺史全师雄及族人也在遣返队伍之中，他害怕自己的族人受牵连，就把他们藏进了一处隐蔽的民房内，蜀兵们认出来全师雄后，觉得他为人比较有威望，就推举他做大家伙的主帅。

王全斌听说了蜀兵要发动叛乱，就让都监米光绪前去招安，结果米光绪一出手就杀光了全师雄的族人，又抓了他的女儿做自己的小妾，本来全师雄毫无叛乱之心，得知自家惨案后勃然大怒，发誓不再归顺宋朝，之后他率军进攻锦州，出军不利后又攻打彭州，还杀死了宋朝都监李德荣。很快，成都十数个县城都开始起事，到处追杀宋军，最终在曹彬等将领的多番努力之下，蜀中才又重新得到平复和安定。

后来，王全斌等将领都被贬官，遭受各种处罚，只有曹彬因为宽宥待人，又合理地约束了部下，身上还负有军功，因而得到封赏，还被提升了官职。曹彬还一再推辞，说只有自己承蒙厚爱，有了封赏，恐怕对别人来说不够公平。宋太祖多方安抚，多次表示是他应得的封赏。

到了开宝六年（973年），曹彬已官至检校太傅。当时的南方有数个割据势力，其中以南唐的综合实力最强，他命令曹彬率军出击，曹彬也不负所托，一路把胜利推到了采石矶。在围困了南唐的都城以后，曹彬派人给南唐国主李煜送去了信件，还说，现在投降，老百姓就可以免于战火的残害。

他给李煜下达最后通牒，如不投降，宋军就进攻了。可是李煜不甘心，他打定了主意继续拖延。约定的攻城日子就要到了，第二天即将向金陵城发起总攻，曹彬忽然向外传出口风，说自己生病了，诸位将领们都来看望他，并希望他尽快康复，回归战斗。曹彬看大家都在跟前，于是正色道："我此番生病不是医师能够医治好的，只要大家向我立誓，表明金陵城攻破后，不乱杀无辜，我的病即刻就会好了。"将士们都明白了他的担忧，于是便围在一起，焚香起誓。金陵城被破后，南唐后主李煜和大臣的人身安全都得到了保障，南唐没有发生二次叛乱，最大程度减少了对平民的伤害。

待全部队伍都回到国都后，曹彬在启奏宋太祖的奏章里写道："数日前奉命到江南办事，现臣回来了。"如此低调，丝毫不邀功，不见任何骄矜，得到了宋太祖的再三好评。

曹彬一生，辅佐了太祖、太宗、真宗三朝，他虽居高位，战功赫赫，却始终宽宥待人，十分忠厚、谦和，对大家都保有尊重的姿态。后来，他的五个儿子都延续了他的性格，他的孙女是宋仁宗的皇后，其世族之显赫，可比拟唐代的郭子仪。

好性格决定好运势，越是高层次的人，越是懂得宽厚善良，做人就越是大气，越是低层次的人，越是心胸狭窄，整日算计来算计去，患得患失。殊不知，人与人之间最珍贵的磁场就是和谐。如果一直鼠目寸光地盯着别人的过失，或随意揭露别人的缺点，对别人犯的一点小错念念不忘，就会为自己树立越来越多的敌人，造成自己人际方面的危机。一个宽以待人的人，他自身虽然不甚完善，但他为人处事周身都散发出和气，自然也不会有灾难无缘无故地降临。因此，做人一定要"宰相肚里能撑船"，一定要"大人有大量"。只有这样才有成为"大人""宰相"的好运势和好风水，要做到忍辱不辩，摒除是非，自然能够自如地掌控自己的人生。

第五章

见识：
在历练和阅世中
练习控局

1. 冷静备战、百折不挠、勇夺胜利

古往今来，在遇到突发情况或者挫折的时候，不同人的应对态度是不一样的。有的人屡败屡战，就如海浪中的行船，虽然负重前行，但依然能冷静掌控局面，总结经验，不断调整、改善自己的行事策略和行为，越挫越勇，直至成功。而有的人一遇风波就一蹶不振，不仅以消极的态度面对问题，还动辄把"放弃"二字挂在嘴边，结果往往只能草草了事，做什么事都以失败告终。很多时候，通往成功的路上会有很多突发情况，但能掌控局面的人不会被眼前一时的困难吓倒，而是在不断的调整中快速成长，且意志坚定，因为他知道在长远的未来有更大的蛋糕在等着他。成年人之间的差别是彼此之间成就的不同，这是因为面对困境，有的人在强调困难、不利条件，有的人却在冷静应对，百折不挠，一步一步努力实现梦想。所以最终有的人获得了成功，取得了令人瞩目的成就，而有的人却一事无成。

明英宗正统十四年（1449年），瓦剌部首领也先再一次率军犯边，明英宗想效仿曾祖父御驾亲征——当然这个决定非常草率。在缺乏具体筹划的前提下，明英宗率领20万大军就出征了。队伍出发后，连续几日大雨，道路泥泞不堪，士兵们士气低沉。朝廷大臣多次劝谏明英宗班师回朝，但太监王振却鼓动明英宗坚持，并意图独揽大权。他认为无功而返有损颜面，还对前来劝谏的大臣们多有刁难，后来出于畏惧，大臣们便不敢再过多进言。

待到大同附近，军队发现这里简直是尸横遍野，因为粮草供应不力，不少士兵还没等战争开打，就已经因为饥饿致死。这让不少将士的内心更是打起了退堂鼓。明英宗也开始犹豫，想要班师回朝。但王振为了彰显权势，建议明英宗从自己的家乡蔚州绕道，大臣们纷纷冒死劝谏阻拦，因为蔚州实在距离大同太近，有可能遭到敌军，即草原骑兵的偷袭。但明英宗考虑到王振的期望，竟然拒绝了大臣们的建议。

大军行进不久，王振为了不让大军踩坏自己强取豪夺的私田，又建议明英宗按来时路线原路返回。就这样往返周折，最终到了怀来。这时候，瓦剌大军终于追上了在此等待辎重补给的明军。此刻的明军虚弱得如同待宰羔羊一般，结果可想而知，明军伤亡惨重，甚至明英宗也成了瓦剌的俘虏。王振因为权奸误国，被将军樊忠锤杀，但这也无法改变这场战争最终惨败的结局。

其实在此之前，瓦剌与大明帝国相比不过是个小部落，数次寇边无非也就是打打秋风，劫掠一些财物、牲畜和人丁。这次瓦剌俘虏了明英宗也是激动万分，首领也先觉得机会来了，他决定要狠狠敲诈明朝，甚至起了一举灭了大明王朝，建立一番为后世称颂的"丰功伟业"的野心。

明英宗被俘，朝堂立刻大乱，有朝臣借由星象变化建议迁都，兵部侍郎于谦立刻表示反对。他说："京师乃国本，迁都就意味着放弃北方大片领土。谁再提议，就立刻将之斩首。"此番正义之举得到了许多朝臣的肯定。

也先决定好好利用手里的明英宗，俘虏皇帝的第二年，也先谎称只要给够钱财，就将明英宗放回来，然而大同守将郭登并没有上当。也先打不开城门，就继续拿明英宗当敲诈筹码，狮子大开口般地勒索朝廷。

皇帝被部落首领俘虏，朝堂无主是一件非常危险的事，如果哪个守城的将领屈服，打开了城门，就会酿成大祸。因此当务之急是破釜沉舟，让明英宗失去被利用的价值。于是，于谦提议让郕王朱祁钰（明英宗的异母弟）称帝，即明代宗。听闻此事的也先勃然大怒，率领军队直逼京都。

于谦获悉后，一面求稳，从内部取得重量级官员们的认可，稳定朝廷，另一面积极开展军事部署。明代宗也将所有将士的控制大权交予于谦。除了重新整顿军队，于谦还大量招募预备军，在极短的时间内就凑够了22万军兵，并及时补充了军械与粮草。

由于准备充足，京城保卫战毫无悬念地胜利了。瓦剌军遭到了明军的激烈抵抗，尤其是隐藏在德胜门外的明军，不断向瓦剌骑兵发射火箭，瓦剌军受到重创。也先见攻城无望，害怕僵持下去被断了后路，因此撤军而去，在撤回的路上又遭到明军的袭击，最终于当年十月退出塞外。

于谦在这场战争中力挽狂澜，做了一个最正确的决定：立郕王为新君，釜底抽薪，让明英宗彻底失去影响力。免得战斗时也先用明英宗掀起舆论的浪潮，使战士们军心动摇。同时也避免了也先用明英宗当人质，战士们不敢开火。明英宗一旦不再是皇帝，将士们就可以无所顾忌地战斗了。这要归功于于谦有勇有谋，当机立断，既有翔实的作战计划，又有严密的军事部署，还意志坚定，决不放弃，因此最终获得了战斗的胜利。

"经千难而百折不挠，历万险而矢志不渝"，这句话就是对坚定心意的最好写照。我们总是要对意义非凡的过往做出总结，因为正是这样坚持的精神和态度，才带领我们书写华章、成就梦想。同时，这也是对美好未来的期许。"船到中游浪更急，人到半山路更陡",但越是遇到困难,越是需要面对,要冷静备战,积极应对,直至赢取最后的胜利。因为,人的最伟大之处不在于成功之后的炙手可热,而是能勇往直前,冷静应对,一步一步走出眼下困境,最终扭转局面,掌控自己的人生。

2.以智控局，淡定面对不合理要求

　　在生活中，由于缺乏一定的人际交往、处事经验，或因不善言谈以及过于在意自己在他人心中的形象，很多人在面对不合理的要求，尤其是来自领导的不合理的要求时一头雾水，不会变通，不知如何解决。殊不知，承应领导的每一件事远不如做正确的事更让领导赞赏，因为出于正义，正确拒绝领导是真正有本事的人才能做到的事。领导也不能做到每个判断都正确，他所提出的要求也仅仅是出于他个人的思维判断，领导之所以能成为上位者，是因为一般都具备了优于下属的理解能力和处事能力。但人都会有一时误入迷途之时，这时候如果能有一个优秀的下属为领导指点迷津，将领导从错误的泥潭中拉回来，这将是领导的一大幸事。和领导交往并不是要一味顺从，有时候也可以充分运用智慧将局面引到正确的轨道上来。让"脱轨"的局面回归自己的控制。因此，面对领导"不合理的"要求应该要淡定，要晓之以理，动之以情，有理有据地对领导加以引导，这反倒有可能会格外获得领导的青睐。

　　张释之是西汉人，仕途生涯初期曾担任骑郎，也就是汉文帝的车骑随从。后累迁至公车令、中郎将、廷尉，是西汉时期较为出名的法官，任职期间因尊重法律、量刑得当而一直备受好评。

　　在张释之任职谒者仆射（负责传达圣谕的官员）时，有一次他陪汉文帝到上林苑去看老虎，汉文帝向上林尉（官名，相当于皇家动物园园长）询问野生动物管理情况，园长不是一个善于言谈的人，回答得十分勉强，不甚流利。汉文帝很不满意，又问一旁的啬夫，结果小职员伶牙俐齿、能言善辩，对皇帝的问题都能做到对答如流。于是，汉文帝便让张释之写诏书，要罢免园长，让啬夫代替。但张释之却说："陛下仅仅因为啬夫能言善辩，就让他代替上林尉，而忽略其他方面的真才实干，这样一来会鼓励夸夸其谈的风气，形成不正之风，上行下效，秦国就是这样灭亡的。"

　　汉文帝听后，称赞其"善"，便不再提职位之事了。张释之面对汉文帝心血来潮的命令并没有不假思索地执行，而是将道理娓娓道来，促使汉文帝做出正确的决定。在回去的途中，汉文帝向张释之请教了很多国家兴亡之道，并将他升为公车令。

在担任延尉期间，有一次张释之和汉文帝、汉文帝宠妃慎夫人以及朝臣们前往霸陵视察。汉文帝心情愉悦，登高望远，并告诉慎夫人说："你看，那就是通往邯郸的路。"原来，早年没有当皇帝前，汉文帝刘恒曾被封为代王，因而对代、赵一带非常熟悉，现在这话是回忆起了旧事。他开始唱起歌来，并命慎夫人弹奏瑟。忽然，汉文帝又开始情绪低落，他感到生命无常，并指着霸陵说："用这山上的石头做椁，并做得严丝合缝，甚至在缝隙里也都填上苎麻丝絮，再涂漆，这样就打不开了吧。"汉文帝的话实际上是在指定自己身后的陵墓，其他大臣皆随声附和，但张释之却说道："如果棺椁里有宝藏，即便将整个南山封锁，也会给有心人留有一线缝隙，但如果没有宝藏，即使没有棺椁也不用担心。"汉文帝认同了这个说法，并表扬了张释之。汉文帝驾崩，果然留下遗诏表明只用瓦器陪葬，一概不用金银器皿。后来，汉代诸多皇帝陵寝被盗，只有汉文帝的霸陵，因为没有贵重物品陪葬，才免遭盗墓贼的挖掘。这便是汉文帝接受张释之建议所得的善果。

还有一次，汉文帝出行要通过中渭桥，突然横冲直撞窜出一个人，惊了汉文帝所骑的马，差一点就要把汉文帝从车上跌下来。卫队将此人抓住后交给张释之处理。张释之判定："冒犯法驾，罚金四两。"汉文帝听到审判结果后十分不满意，认为这个处罚太轻。张释之解释道："律法已经定下，庶民与天子都得遵守，不能偏私。如果不按律法执行，给他过重的量刑，以后又该如何取信于民呢？我出任廷尉，是天下法官之首，如果不严格遵守律令，那地方官员也不会按照审判结果公正执行。这样百姓不再信任朝廷，每日诚惶诚恐，那国家就危在旦夕了。"汉文帝听后觉得很有道理，便不再多问。

还有一次，有一个盗墓贼偷了汉高祖庙里面祭祀用的玉环，被守卫抓住后交给张释之处理，他判处了这个人死刑。高祖庙对汉文帝来说意义非凡，是汉文帝父亲的祭祀殿宇，偷这里的东西简直就是胆大包天，汉文帝非常愤怒，命张释之株连盗贼的族人。但张释之却说："盗高祖庙的物品被判死刑已经是最严酷的刑罚了。不然如果以后有人破坏高祖陵墓一抔土，该如何将其定罪呢？"后来经过跟太后的商量，汉文帝终于认可了张释之的判决，不再追究。

每次面对汉文帝的即兴要求或不合理的命令，张释之都能坦然应对，尽力掌控局面，合理地将汉文帝拉回到正确的轨道上来，既有理有据，又应答如流，因此，他得到了汉文帝的信任和赞赏，这种向上管理的榜样堪称后世学习的典范。

心理学上有一个说法是登门槛效应，即一个人一旦满足了别人的一个微小的要求，此后，为了避免不协调，或担心不能给别人留下前后一致的印象，就有可能满足别人提出的更大的要求。这种现象就像一级一级登门槛一样，程度会逐渐加深。因此，千万不能纵容领导的不合理要求，不要错误地服从权威，职场是个复杂多变的环境，这时一定要综合运用自己的智慧掌控局面，只有保持正直、坚持正确、伸张正义，才能真正赢得大家的认可和肯定。

3.在顶住压力的同时展现实力

压力是一种看不见的敌人，随着生活节奏的加快，很多人都会在繁忙的工作生活中感到烦躁、乏力、头痛、疲惫不堪等各种不适，甚至还会出现抑郁情绪。其实，身体的不适很多时候都和心理因素有关，压力就是其中一种。不同的人面对压力的反应也不尽相同，有的人心理承受能力强，精力也较为旺盛，即使面对很大的压力也能游刃有余、处事有度，通过自己的实力最终逢凶化吉，不仅能保持健康的身心，还能在事业上获得骄人的成绩。对于有的人来说，很细微的琐事也能令他忧心忡忡，饱受困扰，可见压力给到不同的人身上，会转换出不同的结果。其实，人生不如意之事本十之八九，谁都无法保证自己一帆风顺，事事顺遂，因此每个人都必须学会与压力共处，在顶住压力的同时，彰显实力，尝试研究眼下困局的解决策略和办法，只有这样才能扭转局面，反败为胜。

　　周亚夫是著名的西汉开国名将周勃的儿子，因为兄长犯了杀人罪，因而他继承了父亲的侯爵。匈奴来犯时，汉文帝曾下令三路大军分别进行防御。另两路军队都疏于戒备，只有周亚夫的军营纪律森严，因而汉文帝对他大加赞扬，并提升他为中尉，负责管理长安城的所有兵力，以及保证京师的安全。

　　汉文帝临终前嘱托儿子汉景帝，周亚夫在紧急关头可以委以重任，是个难得的将帅之才，于是，汉景帝升周亚夫为车骑将军。

　　汉景帝三年（前154年），吴王刘濞发动了"七国之乱"。汉景帝让周亚夫领兵平叛，并将其升至太尉。叛军一路杀红了眼，直攻到梁国——梁国是汉景帝胞弟刘武的属地，虽然叛军兵力达50万人，且都是精锐力量，而朝廷只有10余万人，但汉景帝依然提出要求，希望周亚夫立刻支援梁国。周亚夫认为，如果当下立刻正面硬顶，朝廷的军队不一定能获胜，可以先让梁国尽力扛一阵，自己则绕到叛军后方截其粮草，后再寻找机会将叛军一举歼灭。见他说得有理，汉景帝就接受了这个建议。

　　周亚夫率兵刚一到达灞上，就有一名叫赵涉的人求见。待进入围帐中坐定后，赵涉说："吴王实力很强，手下有很多亡命之徒，他如果听说是您率兵杀敌，必定会派刺客在崤

（河南洛宁县西北）、渑（渑池县）这种险要之地进行埋伏，您为何不直奔洛阳，先收取足够的兵器，然后再一鼓作气前进呢？这样出其不意，对叛军的士气也会造成极大的打击。"周亚夫接受了建议，后来果然在崤、渑附近抓到了埋伏的刺客。

叛军的接连进攻，导致梁王实在难以抵御，便派人向周亚夫求援。周亚夫率兵到梁国背面驻扎，并没有对梁国的困境展开救援，甚至命令将士们谁也不许出战。后来梁王几次三番求援，甚至写信给汉景帝，汉景帝下诏命周亚夫增援梁国，周亚夫却依旧不为所动，并一再表示时机未到。叛军与梁王几番血战，却始终没有取得有效进展，又回头杀向周亚夫这里，希望找到突破口。但是周亚夫坚守城寨，并没有给叛军突围的机会。在叛军主力悉数被梁国军队牵制住的同时，周亚夫派精锐部队成功切断了叛军的粮道，没了粮食补给，叛军变得十分疯狂，多次挑战，但都没有成功。

一天晚上，周亚夫的军营中忽然响起一片混乱声，但他依然休息，没有理会外面的风波。不一会儿混乱便平息了下来。原来周亚夫平日一向严格管理，面对骚乱，营中士兵都能坚守岗位，也没有人去探寻混乱的成因，或围观、看热闹。后来得知是敌人故意制造的混乱假象，意图引起营内恐慌和骚乱，却没有得逞，潜入军营的敌人也都被抓获了。

数天后，敌人大张旗鼓地进攻大营的东南角，但周亚夫下令在西北方向也要戒严。果然敌军在东南方出击只是想混淆视听，目的是偷袭西北方，结果，叛军又一次失败了。连续数次进攻，或被识破或被击败，加之粮道已断，叛军只好退兵。周亚夫乘胜追击，大败叛军。吴王刘濞在逃往东越的过程中被杀。后来，不仅领头羊倒了，其余六国发动叛乱的诸侯王纷纷或自杀或伏法。周亚夫就这样平定了这场差点颠覆大汉的叛乱。

在这次战役中，周亚夫一共顶住了来自三方的压力：其一来自汉景帝胞弟梁王。他一直颇受汉景帝和太后窦氏的宠爱，整场战役中他几次求援，但周亚夫为了作战策略，都没有应允。其二来自汉景帝。汉景帝虽信任周亚夫，但一收到胞弟来信，就下诏书让周亚夫增援，这原本也是叛军所期待的。其三来自叛军。面对叛军的一再挑战，欲以优势与汉军开展决战，以获取胜利。面对这三方压力，周亚夫一直沉着应对。压力并没有压垮周亚夫，最终他化被动为主动，策略清晰，不受压力影响，才使叛军的计划落空，取得了战争的胜利。

像周亚夫这样在面对压力时从容不迫，能在分清主次后寻机作战的，是真正的将才，是值得所有人学习的榜样。其实，人生之初本都是一张白纸，每一段人生故事都是第一次在这张白纸上挥毫泼墨，所以不要因为青涩而不知所措，再华丽的巨幅画卷也需要一笔一笔绘就，漫漫人生路上，每个人都有属于自己的无限可能。要知道，忧虑并不是解决问题的好办法，反而只会消耗原本属于你的力量，要想获得最终的成功，就必须修炼出强大的心脏，因此，一定要顶住压力、彰显实力、按部就班、有理有据，直至赢取最后的胜利。

4.能为领导排忧解难，才是好下属

　　无论是政府机构还是企业、团队，在任何组织中，善于执行的下属无疑是领导者最得力的干将。他们具备坚定的意志和强大的行动力，能够将计划转化为行动，并以高效的方式推动任务的完成。一般来说，得力干将需要具备识别问题并提供具体解决措施的能力，要善于穿透表象，去分析问题的本质。他们往往对细节高度关注，同时具备优秀的沟通和协调能力，他们能够与团队成员紧密合作，形成高效的工作氛围。善于执行的得力干将对于组织的整体发展都起着至关重要的作用。他们能够稳定团队的运作，提高工作效率，并确保项目按时、按质完成。一个善于执行的队员并不仅仅是单一的执行者，更是团队凝聚力的推动者。他们能够发现团队成员的优势，鼓励他们共同向前并激发他们的潜力，从而帮助团队取得更好的成绩。超强的执行力对于任何一个组织来说，都是非常宝贵的资源，拥有这类能力的人才，无疑是推动组织持续发展的重要力量。

公元前205年4月，汉王刘邦的军队抵达洛阳，名士董公对他说："兵出无名，事故不成。"并建议他以替义帝（即楚王）报仇为名义，出兵讨伐项羽。于是，三军在刘邦的命令下，披麻戴孝，一副为义帝发丧的样子，并派人到处宣传说项羽害死义帝，人人得而诛之。此时，项羽正在齐地攻打田荣，刘邦派人打探到项羽所属的彭城空虚，便联合塞、魏、赵、殷等各路诸侯联军50多万人，杀进了彭城。他们不仅将西楚的宝物洗劫一空，还争抢了很多美人，此后，刘邦彻底陷入了胜利的喜悦之中，每天饮酒作乐。项羽的士兵杀回到城下后，没有立刻发动进攻，他们于夜幕时分绕到了彭城西，后在凌晨时杀入了汉军军营。驻守将军吕泽还没来得及做出反应，就立刻奔走逃命去了。刘邦也在众人的簇拥下逃离了彭城，还有不少士兵慌不择路，掉入逃亡路上的睢水中淹死了。后来据不完全统计，刘邦军队有超过十万人丧命于此。

刘邦逃到了虞县，十分丧气，但还不忘发脾气，他说："你们根本就不是我筹谋天下大事的得力助手。"谒者随何本是个儒生，见此情景，自告奋勇要出使淮南，让九江王英布背叛项羽，倒向汉军。刘邦大喜过望，立刻派给随何20个人，跟随他一起出使淮南。

谁知到了淮南后，九江王府三天也没有安排英布会见随何。随何对负责接待的太宰说："大王不肯面见我，是因为当下西楚国力雄厚，十分强大，而汉国弱小，不足一提。但这正是我此次出使的动因，我想恳请大王召见我，会面后，如果我说得对，那说明我们君子所见略同，如果我说的不合大王心意，我们这20个人愿意把项上人头交出来。"太宰听后立刻报告给了英布，于是，英布安排了要接受随何的觐见。

见面后，随何对英布说："汉王派我作为使臣来求见您，就是因为我不明白为什么您与西楚走得那么近。"英布说："我与项王就好比是君与臣的关系，因此要面朝北方，尽好臣子的本分去侍奉他。"随何又说："大王您和项王一样身为诸侯，却自比为臣子，要侍奉项王，一定是因为觉得他足够强大，可以把自己的身家性命和整个王国都托付给他。那项王攻打齐国的时候，您也应该举全国之力协助项王去战斗，但您仅仅派出了4000人，象征性地去助力了一下。汉王向彭城进攻的时候时，您更是在一旁看热闹。这是您侍奉君上应该有的态度吗？大王，您投奔西楚，也只是为了获利。我认为这不是善举。现如今，大王不敢违背西楚，是认为他此刻看似强大，但再强大，还是要背负乱臣贼子的罪名，因为他们杀害义帝、辜负了天下人啊！"英布沉吟片刻，没有说话，随何见状又连忙给英布详细分析了当前的西楚霸王项羽、汉王刘邦两大军团各自的实际情况，还有战争形势的可能走向：汉军虽然目前短暂失去彭城，但是背后有萧何不断地送来蜀地和汉中的粮食，以及军兵力量。汉军修筑了堡垒，还已经挖掘好了护城河。现在虽然楚军长驱直入，但他们进攻打不下来高垒，退也无法逃过汉军的追击，因此一定会失败。

随何的一番分析鞭辟入里，让九江王英布立马就连称折服，立马口头答应了将会与汉军攻守同盟，恰逢当时项羽的使者也来了淮南，不停地催促英布尽快出兵，追击刘邦。随何展露了高超的变通能力，他找到楚国使者下榻的驿站，对着使者大喝一声道："九江王已经决意要帮助汉王，楚国还让他出什么兵？"楚国使者听到这句，立刻准备溜走。随何则对英布说："事情已经发展到这步田地了，不可能再有回旋的余地了，大王您快杀了楚国使者吧，一心一意归附汉军，咱们一起大败项羽。"英布同意了随何的提议，诛杀了楚国使臣，转而倒向汉军。

后来，项羽自刎，天下落定后，刘邦论功封赏，任命随何为护军中尉。随何以出色的执行力、卓越的谋略和天才一般的雄辩能力获得了"顶头上司"刘邦的认同，从而得到了自己应得的功劳奖赏。随何只用一席话就策反了英布，可见其叹为观止的执行力和使命必达的坚毅信念，成为后人学习的行动楷模。

得力干将是组织中的重要支柱，其卓越的执行能力能为整个团队注入强大的动力。要想做到善于执行不仅需要具备高效的行动力，还需要有独立思考和解决问题的能力，能够在面对困难和压力时保持冷静，灵活应对，并坚持不懈地追求实现目标。他们不仅自己有着出色的执行能力，还能在团队合作中充当协调者和沟通者。他们善于与团队成员合作，激发团队的潜力，从而形成良好的工作氛围，共同迈向成功，要知道，这一点是团队能否获得成功的关键因素。

5.善用运筹学，难题轻松解

　　我们生活在广阔的世界里，会遇到各种各样的问题，有的很容易解决，但有的却需要大费周章。人们遇到困难容易轻易下定论，说这是"不可能完成的任务"，殊不知世事并不尽然，困难才是使人蜕变的最好机会。在这个世界上，有人平凡地生活着，也有人飞黄腾达获得成功，有人屈服于现实，也有人依靠赤手空拳，挣来了一桶又一桶的财富。有人在失败的暗影里沉沦，也有人抹去泪水整装再出发，他们的不同之处，就在于不气馁、不言败，誓要完成"不可能完成的任务"。良好的分析，合理地借助周围各种资源，并保持不间断的学习，坚持丰富自我，这都是战胜"不可能完成的任务"最有力的武器。越是看上去"不可能实现"的困难里，越是暗藏着巨大的成功潜力。放弃挑战"不可能完成的任务"，也就是自我阻断了通往成功的道路。

北宋人丁谓是进士出身，后累迁至平章事兼太子少师，封为晋国公。丁谓的口碑不是很好，在北宋很受非议，被当时人称为"五鬼"之一。但他有很强的执行力和解决问题的能力，因而受到宋真宗的重用，并被任命为宰相，手握重权。

丁谓有过目不忘的记忆力，别人读好几遍文章都不一定能成功背诵，但丁谓看一遍就能记住。在他任职三司期间，原本的文牍都处理不完，堆积如山。其他官吏们都一筹莫展，丁谓一来，几天的时间就都解决了。

对于一些特别困难的问题，丁谓也能给出切实可行的意见，这令他的上下级都十分满意。

有一年，宋真宗下诏，要修建玉清昭应宫，这是一个非常宏大的工程，建成将占地480亩，即32万平方米，包括宫殿、桥梁、各类明堂和水池等。预计要建2610间房屋，据统计，大概要花费15年的时间才能建成。而丁谓接手后，将整个工程进行统筹划分，8年就建成了，大大缩短了工期。这在当时被认为是不可能完成的任务，因而建成时造成了非常大的轰动，一时之间，丁谓名声大噪。

宋真宗是一个华而不实的皇帝，喜欢很多虚无的"面子工程"。有一天晚上，宫中突然失火，一夜之间宫殿被烧成了废墟，好在侍卫们及时将火扑灭，皇帝才保住性命。宫殿烧毁，皇帝只能暂且在一个偏僻的离宫里起居、办公。宋真宗非常着急，想尽快重建宫殿，于是带领大臣们召开御前会议。大臣们纷纷表示原来的宫殿是历代皇帝逐步扩建至今的，要想复建，至少要花上五到十年的时间，想要在短时间内重建简直就是天方夜谭。宋真宗听后非常愤怒，他觉得要在这样一个小离宫里办公多年，实在有损颜面。散会后，宋真宗将丁谓以及户部和工部的主官留下，商议重建宫殿的时间问题。户部和工部还是之前的答复，只有丁谓表示三年即可。宋真宗听了终于喜笑颜开，并将重建宫殿的任务交给丁谓全权负责。

丁谓来到宫殿原址一看，这里早已是一片废墟，此时的首要任务就是将废墟清走，然后将大量木材、石料和新土运输进来，但这种量级的运输任务一向都是非常大的难题。眼看夏日将尽，入冬前如果不能尽快为皇帝造出一片可以居住的完整宫殿，恐怕要被冠以欺君之罪。

为了尽快完工，丁谓长期在工地驻扎，他发现了一条通往皇宫御河，即汴河的水沟，于是制订了如下方案：首先在废墟上挖十条沟，用来充当施工用的新土；其次，引汴河水入沟，再以水运方式运送所需物料；最后，完成向内运输工作后，放干沟里的水，用现下烧毁的废墟将沟填平，从而解决其废墟处理的问题。这一套组合方案下来，极大地提高了时间和人力效率，最终复建皇宫只用了两年半的时间。因此，丁谓赢得了宋真宗的赞赏以及满朝官员的敬佩，并最终被皇帝看作是肱股之臣。

现在人们逐渐知道，在现代管理学中，有一门叫作"运筹学"的学科，这门学科在第二次世界大战时才开始被人们广泛了解。因为将领们需要将大量物资以最少的人力、物力成本运送到作战区，所以参谋们研究出了最便捷的运筹方案。但运筹学早在我国古代就得以应用，丁谓就是这门学问当之无愧的大师。

运筹学作为一门实用学科，在处理问题时，通常分为以下几个步骤：先是确定自己要达成的目标，然后初步制订相关方案，再之后是建立一个简略的模型，最后给出解决方案。

在此次复建任务中，丁谓率先解决了废墟处理和土石运输这个重点问题，接下来的困难陆陆续续就都迎刃而解了，最终达到了事半功倍的效果。

由此可见，面对不可能完成的任务，要多开拓思维，循序渐进，并运用多种谋略和办法去尝试解决。世界上原本没有不可能完成的任务，要知道人的潜力本来就是无限的，因此，更要以扬长避短为基础，充分利用周围环境中的有利因素，以积极的心态，用循序渐进的运筹学智慧，去谋求问题的解决办法。

  其实，成功最大的阻碍一向是自己，而不是困难本身，只要认真丰富自己，提升自己的综合素质，以实力造就自信，就能实现一切所不能实现，超越一切所不能超越，最终顺利完成不可能完成的任务，赢得众人的青睐。

6. 如何在减小投入的同时扩大回报

日益严苛的客户需求和日趋激烈的市场竞争，强迫着每一个管理者都在思考着关于绩效提升的改进方法，如何能做到减小投入，甚至以最微小的投入换取最大的回报，是每一个上位者都在寻求的管理思想。从宏观整体的意义上来说，效率就是业绩，而从微观、每一位个体员工的角度来说，提高个人的工作成效，可以换取更优的价值和结果。认识到绩效的不足和差距，通过多种办法，思考如何能有针对性地改进策略，降低投入，拉高产出，并通过有效的策略实施提升绩效，从而取得更优质的业务成效，这是每一个管理者都绕不过去的话题。

春秋时期，战火纷飞，各诸侯国都想夺取他国的支配权，占据主导地位。有一个小国，叫衡山国，是齐国的一个邻国。衡山国擅长制造兵器，战士虽少但骁勇善战，加之地形复杂，所以齐桓公虽然觊觎这个小国很久，但不敢轻举妄动。

有一天，管仲告诉齐桓公，说无需武力就可以降服这个小国。鉴于衡山国善于制造兵器，管仲就命人去大量收购该国的各种刀、剑等各类武器。一开始，衡山国尚能应付自如，但随着兵器购买量的不断增加，衡山国内过去从事兵器制造、买卖的人就不够用了。随着这些制造商赚得盆满钵满，衡山国国君也乐开了花。为了进一步扩大衡山国的武器经营，后来管仲还高价收购他们的兵器。看着那些冶炼兵器的人发了财，百姓纷纷放下手里的农活去制造兵器。这导致无人耕种，大量农田成为荒地。

几年过后，齐国突然停止继续收购武器，结果大量已经制造出来的兵器在仓库里堆积如山，全部滞销。与此同时，管仲又开始溢价收购周边国家的粮食，很快，周边国家多余的粮食就被齐国抢购一空，再无余粮能卖给衡山国。如今的衡山国，由于多年来一心跟着齐国制造武器、销售武器，导致国家的生产体系极度单一。眼看着国内的储粮已经要吃光了，又买不到邻国的粮，于是衡山国的人又想回到农田进行耕种，这时才发现，农田已经荒芜，周边也缺乏完善的水利设施。为了铸炼兵器，他们甚至几乎砍光了树林，现在衡山国的自然环境完全不能和过去同日而语。不久，齐国大军直逼衡山国，面对即将出现的饥饿与封锁的险境，衡山国只好缴械投降。

管仲还如法炮制地灭掉了以狐狸皮为特产的代国。本来兵器、狐狸皮作为小众、特色产业，是一个国家的重要经济支撑，为国家创收，增加利润，是件特别好的事。但是一旦转变成为这个国家的唯一支柱、经济来源，结局就只能是任人宰割了。当制造商对供货渠道产生重度依赖，最终一定会遭到反噬。

这个方法，不但可用于降服小国，就算是对付跟自己实力差不多的国家也同样适用。鲁国和齐国实力相当，在齐国称霸的路上，鲁国无疑是一个绊脚石。如果动用武力强行灭鲁，势必会伤敌一千自损八百。有一次乘丘之战，齐国需要联合宋国一起，才敢向鲁国进攻。正在齐桓公一筹莫展之际，管仲献上了他的计谋。

鲁国以纺织业著称，生产的鲁缟非常有名。于是，管仲请齐桓公改穿鲁国人织的缟布，结果贵族官员和百姓们有样学样，都一起开始穿起鲁国制造的衣服来。这导致鲁缟的订单短时间内迅速增大，为了满足消费需求，很多鲁国人开始大量生产缟，养蚕的人也随之增加。而后桑叶的需求量上涨，不少人又将原本的稻田改为桑田。结果不仅农田荒废，鲁国的各行各业都受到了很大的负面影响。衣物本是消耗品，加之齐国又是大国，管仲又一再提高鲁缟的收购价格，齐桓公甚至禁止本国人进行相关生产，只许向鲁国购买，以至于鲁国的田地里根本看不到有人干农活。等到一年之后，管仲让齐桓公下令，全国人民不得再穿鲁缟，也拒绝鲁国商人到齐国售卖缟布。

但大量的鲁国人已从事纺织业，导致农耕量大幅减少，粮食产量也极速下降，鲁国人很快就没有饭可以吃，只好向邻国齐国求助，但齐国拒绝将粮食卖给鲁国，百姓们为了不挨饿，纷纷逃到齐国避难，结果，鲁国实力被大大削弱。由此可见，管仲是一位卓越的政治家，他利用贸易战争，仅用微小的投入，就击垮了对方的经济体系，实现了真正的不战而屈人之兵。

其实，要想减小投入的同时扩大回报，有很多种具体的操作办法，可以从很多种维度去思考、入手。要在一定的结构之内，成体系地去思考问题，可以率先从对绩效结果影响大的环境因素入手，比如改善信息资源的来源，优化激励制度和操作工具，等等。此外，还可以从个体，即人为因素等方面去考量，如一个人的知识储备、职业技能掌握程度、行动积极性和能力等。从专业领域来讲，这叫"先技控，再人控"，按照这个逻辑顺序去梳理、分析自己当下的绩效问题，最终就能得出事半功倍的解决办法。一件事情的投入产出比不理想，不一定是浅显的表面问题造成的，可能要综合多种因素进行结构性思考，并对相关因素有清晰的计划、到位的设计，因为只有好的方法，才能产生好的结果。只有找到问题的真正症结，才能给绩效带来质的飞跃。

第六章

赋能：
掌控人生的
关键能力

1.韬光养晦为主，偶露峥嵘为辅

"韬光养晦为主，偶露峥嵘为辅"，这是中国著名的处世哲学，意味着在日常生活中，应该保持低调，不张扬，不炫耀，韬光养晦。而在关键时刻，要展现出非凡的能力，展露峥嵘。韬光养晦是一种智慧，因为过分的张扬容易招致嫉妒和打击，保持低调，可以避免引起不必要的注意，从而减少麻烦。同时，韬光养晦也是一种积淀的过程，更好地积累知识和经验，提升自己的能力。但过分低调也会让人觉得无足轻重，所以在必要时刻，我们需要偶露峥嵘，这可以展示我们的实力和能力，还可以增加我们的影响力——这不仅是一种智慧，也是一种策略。

汉高祖刘邦，是一个在乱世中崛起的英雄，他的故事在中国历史上被传颂了千年之久。

前207年，刘邦率领军队攻破咸阳，秦朝灭亡。他的胜利引起了项羽的警惕。项羽是强大的西楚霸王，决定在鸿门设宴，邀请刘邦前来赴宴，借机除掉他。

刘邦深知此次赴宴凶多吉少，但他更明白，如果不去，将会给自己带来更大的危险。于是，他带着谋士张良、樊哙和少量亲信，毅然前往鸿门。

鸿门宴上，刘邦小心翼翼地应对着项羽和他的谋士范增。范增心怀不轨，屡次企图刺杀刘邦，但都被张良和樊哙巧妙地化解了。

在宴席上，刘邦表现得谦虚恭顺，对项羽表示了绝对的忠诚。他讲述了自己攻打咸阳的初衷，是为了消灭暴秦，为百姓谋福祉。他还向项羽献上了咸阳城中的财宝，表示愿意将其全部归于项羽。

项羽听了刘邦的一番话，心中的疑虑稍稍减轻，但范增却不为所动。他暗中安排了项庄在宴席上舞剑，企图借机刺杀刘邦。张良早已察觉到了范增的阴谋，他赶紧找来樊哙，一同进入宴席。

樊哙是刘邦的心腹大将，勇猛无比。他闯入宴席，怒目圆睁，对着项羽大声斥责，指责他不应该怀疑刘邦的忠诚。项羽被樊哙的气势所震慑，一时不知如何应对。就在这时，刘邦借口上厕所，带着亲信趁机逃离了鸿门。他们一路狂奔，终于安全回到了自己的营地。

　　鸿门宴上的刘邦，凭借着他的机智，果断隐藏实力，表现得很谦卑，成功地化解了一场危机。此后，刘邦深刻地认识到了权力斗争的残酷和无情。他更加坚定了自己的信念，决心与项羽一决高下。

　　刘邦在鸿门宴上逃过一劫后，在汉中积蓄力量，等待时机。当项羽在齐地陷入缠斗时，刘邦趁机东出，联合其他诸侯进攻西楚都城彭城。项羽得知消息后，率领3万骑兵回援彭城。刘邦的军队在彭城之东，项羽的军队在彭城之西。早晨，项羽率军从彭城之西的萧县开始攻击，很快击溃了刘邦的前军。项羽继续攻击，中午时联军已经开始败退。项羽继续追杀，杀死联军10万余人。刘邦见形势不妙，率领残军向南逃跑。项羽一路追杀，追到灵璧东睢水上，刘邦等人的士兵被项羽军逼得无路可走，只得跳入睢水之中，溺死者不计其数，楚军将刘邦重重包围。正在这时，突然刮起了西北风，一时间飞沙走石，天昏地暗。楚军被刮得阵脚大乱，刘邦趁机率领10余名亲信骑兵突围而去。

　　刘邦在彭城之战中失败后，并没有气馁，而是重整军队，与项羽展开了长期的对峙。刘邦避免与项羽正面交锋，同时派遣使者游说各路诸侯，争取他们的支持。经过几年的休整和准备，刘邦的实力逐渐恢复，而项羽则因为连年征战，兵力和粮草都已经消耗殆尽。刘邦看到了机会，于是率领60万大军攻打项羽。项羽得知刘邦来袭，立即率领10万楚军迎战。两军在垓下相遇，展开了一场惨烈的战斗。项羽在垓下被刘邦的汉军重重包围。项羽军队的人数越来越少，粮食也即将耗尽。他决定率领800骑兵趁夜突围。汉军得知项羽突围的消息后，派5000骑兵追击。项羽一路狂奔，渡过淮河后，只剩下100多名骑兵。他们来到阴陵，迷路了。项羽向一个农夫问路，农夫说："向左走。"项羽向左走，陷入了沼泽地，耽误了时间。汉军追了上来，项羽又率军向东跑。

项羽突围到乌江边上，乌江亭长已经准备好了一条船，等待他渡江。亭长对项羽说："江东虽然小，但也有方圆千里的土地，百姓有数十万人，足够大王您称王了。请大王赶快渡江吧！"项羽说："上天要灭亡我，我还渡江干什么？况且我项羽当初带领江东8000子弟渡江向西，如今没有一个人活着回来。即使江东的父老乡亲怜悯我，让我称王，我又有什么脸面去见他们呢？"项羽把他的乌骓马送给了乌江亭长，然后命令他的骑兵全部下马步行，与汉军短兵相接。项羽一个人杀死了汉军百人，身上也受了十几处伤。最后，他在乌江边拔剑自刎。垓下之战是楚汉战争的最后一场决战，项羽在这场战役中失败，最终自杀。这场战役也奠定了刘邦在中国历史上的地位，开启了汉朝的统治。

汉高祖刘邦一开始被西楚霸王项羽无情碾压，但是刘邦选择在汉中韬光养晦，积蓄力量，等待时机，最终锋芒毕露，成就了一番霸业。"韬光养晦为主，偶露峥嵘为辅"是生活中不可或缺的一种智慧。这一方法，在历史的长河中，很多成功者都曾灵活运用。这些成功者不仅教会我们要沉静内敛，积累能量，更是要抓住时机，勇敢展现自我。面对挑战，我们需保持冷静，深藏不露，积蓄力量，韬光养晦；而遇到机遇时，则要敢于显露头角，峥嵘毕现，一举夺魁。

2.内敛锋芒与骄傲自大的不同结局

在人生的舞台上，每一天都有不同的故事在上演。有些故事主角低调内敛、不露锋芒，也有的主角骄傲自满、蛮横自大。就经验来看，带着这两种不同的处世态度去处理事情就会有不同的结局。内敛锋芒的人虽不张扬，内心却充满了决心。他们默默耕耘，用实力和努力证明自己，也懂得沉默是金，深知成功不是靠飞扬跋扈就能得到的，因而踏踏实实地努力奋斗。相反，骄傲自大的人常常沉浸在自己无边的优越感中，不屑顾忌他人的见解和建议，不愿意接受别人的指导意见。他们总是以自我为中心，无视团队合作的重要性，缺乏谦逊和反思的态度，自诩自己高人一等，往往走向失败。最终，他们失去了与他人分享胜利果实的机会，只能孤独地沉浸在自己的傲慢之中。

东汉末年，董卓祸乱朝纲，民不聊生。曹操欲成霸业，广邀天下群雄，共商讨伐董卓大计，各路诸侯纷纷响应。辽东公孙氏便是其中一股不可忽视的势力。

在公孙度赴任辽东之前，当地的政治局势十分混乱，豪族势力横行霸道，百姓困苦不堪。地方官为保全自己的利益，不得不选择与豪族势力妥协，这更助长了他们的嚣张气焰。公孙度上任后，决心改变这种局面，从严执法，他搜集了大量关于豪门贵族违法乱纪的证据，并将那些犯法的豪族一一绳之以法。经过公孙度的铁腕打击，辽东的豪族势力逐渐被削弱。公孙度趁机统一政令，使得辽东的政治局势逐渐稳定下来。同时，他还积极处理辽东周边危机，将那些邻近的小邦分化瓦解，逐个击破。

夫馀国夹在高句丽和乌桓之间，为防止被吞并，选择与公孙度结盟。公孙度通过联姻加强了与夫馀国的缔约关系，并利用这层关系征服了高句丽和乌桓。他还进一步跨海占领了东莱等县城，并设立营州进行管理。这一时期，辽东在公孙度的统治下还算保持了相对的稳定和繁荣。但中原战乱频仍，许多士族选择到辽东逃难。随着公孙度的逐步扩张，使得曹操开始注意到辽东的局势。为了安抚公孙度，曹操封他为武威将军，并赐予永宁乡侯的爵位。此时的公孙度虽然表现出对独立称王的渴望，但仍然接受了曹操的印绶，这也意味着他与曹操之间达成了某种妥协。公孙度明白实际利益的重要性，对内他可以手握大权，但对外从身份上他仍要以汉朝官员自居。曹操也清楚自己需要的是一个稳定的后方，因此，只要公孙度守住辽东，不背后偷袭自己，就还可以将他视为一路人。

公孙度去世后，他的儿子公孙康继任成为辽东新的统治者。他继承了父亲的治世方略，还诛杀了袁绍的两个儿子，并将他们的首级献与曹操，曹操非常高兴，并向汉献帝上书，建议封公孙康为襄平侯。到了这一时期，公孙氏几乎已经得帝王之实，但对外却一直伏低做小，不露锋芒，尽好作为臣下的本分。公孙康死后，留下的几个儿子都较为年幼，因此公孙康的胞弟公孙恭继承其势力。后来，曹丕称帝后，对公孙恭也极为荣宠，并封他为车骑将军、假节，还赐予他平郭侯的爵位。

辽东地理位置极为重要，各方势力都试图拉拢公孙恭。后来，公孙康的儿子公孙渊长大后，推翻了公孙恭，并自封为辽东太守。曹魏大臣刘晔建议魏明帝曹叡，趁公孙渊刚刚夺权，局势未稳之时，出兵讨伐。然而，曹叡并未采纳这个建议，反而封公孙渊为扬烈将军、辽东太守，没想到之后，公孙渊因为魏明帝的纵容而盲目自我膨胀，开始在魏、吴之间骑墙（指在对抗势力中保持中间立场，游移于两者之间）。孙权派人携带重礼及册礼文件渡海来到辽东，要册封公孙渊为燕王。但公孙渊一番犹豫后，杀了来使。转头又为了在曹魏处邀功，将使臣首级献给魏明帝。然后魏国加封他为大司马、乐浪公，继续统领辽东。然而当册封使者到来时，他再次犯浑，竟然派兵包围了使者住处，虽然最后册封礼成，但公孙渊的不轨行为和辽东的具体情况也被使臣上报给了魏明帝。

公孙氏在辽东三代，自公孙度起掌权48年，一直独立征收税赋、任命官吏，如同独立王国。魏国曾命毌丘俭征召公孙渊入朝，但公孙渊抗命并自立为燕王，与魏决裂。同时妄图寻求吴国支援。魏明帝命司马懿率4万名军兵讨伐辽东，不到三个月，公孙氏的政权就覆灭了。公孙渊及刚刚被分封的百官被杀，公孙恭被释放。其实，前期因战乱不断及吴、蜀压力，魏未进攻辽东。但公孙渊自立为王，有了叛乱之实，这就令曹魏必须除掉他。如果公孙渊低调一点，不是那么盲目自大，与吴、蜀建立盟友关系，或许可以暂缓覆灭时间。

回顾历史，我们会发现，内敛锋芒的人往往能够取得更为持久和真实的成功。这是因为他们懂得谦逊、进取，愿意倾听和学习，这样就不会因为过于炫耀自己而错失合作和发展的机会，反而是通过不断的自我反省和努力提升自己，从而赢得了持久的成就和他人的尊敬。相反，骄傲自大的人往往认为自己已经是最好的，对别人的意见抱有傲慢和漠视的态度。他们以自我为中心，无法与人合作，最终只能孤立无援。骄傲使得他们错失了与他人交流和分享的机会，限制其成长和进步。在现代社会，这种规划同样适用。无论在职场还是生活中，要想取得长远的成功，就需要学习内敛锋芒的人那种积极进取、谦虚学习的态度，学会倾听和接受他人的意见和建议。只有通过与他人合作和不断借鉴优秀经验，才能不断完善自己，从而取得更大的成就。

3. 莫因意气用事而前功尽弃

在社会生活中，我们不可避免地会遇到一些意气用事的人，他们对待事情缺乏冷静和理性，总是被情绪所驱使。他们没有耐心去思考问题，甚至没有意识到问题的本质，只顾着情绪的发泄和个人感受的满足。这样的人常常一时冲动而盲目发火、草率行动。他们对待问题不会做深入的思考和理性的分析，只凭一己之见就做出决策，这种做法往往是草率和不负责任的。对解决问题缺乏足够的耐心和理性，在没有深入了解情况的情形下就轻举妄动，事后往往后悔不已。

因此，我们应该冷静和理性地去处理问题。不要被一时的情绪所左右，要懂得从多个角度去思考和分析。在与人交往时，要善于倾听他人的观点，尊重他们的意见，不要一味坚持己见。历史上有很多因为意气用事导致失败的例子，其中较著名的人物是被尊称为"武圣"的关羽。

关羽，字云长，以勇猛、忠义而闻世，其勇毅直到今天都被世人传颂，在历史这幅画卷上，留下了较为浓墨重彩的一笔。

有一天，东吴的诸葛瑾（诸葛亮的哥哥）受孙权所托，意欲向关羽提亲。关羽听后雷霆震怒，断然拒绝："吾之虎女，岂能下嫁于彼之犬子！"诸葛瑾无奈返回，如实禀告。孙权闻讯后怒火中烧，誓要夺取荆州以消心头之恨。大将吕蒙献策："关羽所顾虑者是我。我假装托病辞官，使关羽放松对东吴的警惕；然后趁其不备，发起偷袭，定能一举成功。"孙权同意了这个计策，并派一位名不见经传的小将接替吕蒙的职务。

关羽听闻吕蒙因病卸职，心中甚喜，认为东吴对荆州的威胁已解除。因此，他调集了大部分荆州兵力，进军曹操所占据的樊城（今湖北襄阳市樊城区）。部下王甫提醒他防范东吴偷袭，关羽采纳了他的建议，并下令沿江建造烽火台。一旦发现东吴军队渡江侵犯，夜晚烽火台上的士兵便点燃烽火，白天则鸣炮示警。一旦看到烟火或听到炮声，关羽便会立即率军前往救援，以保障荆州安全。

在获悉关羽已离开荆州的情报后，吕蒙精心挑选了一批精锐士兵，并进行了细致的伪装，使他们看起来像是一支商队。这支伪装的队伍驾驶着十余艘快船，日夜兼程，朝着荆州进发。当他们接近烽火台时，守卫的士兵对这支队伍产生了怀疑，并进行盘问。伪装的吴国士兵回答说是商人，同时向烽火台的官员送上金银财物，以此来消除他们的疑虑。结果，他们顺利通过了所有的关卡。夜幕降临，这支吴国士兵发起了突袭，迅速制服了烽火台的守军。他们用武力威胁这些官军，迫使他们为其引路，直达荆州城下。荆州的守军看到是自家人，便打开了城门。吕蒙率领东吴的士兵如潮水般涌入城内，顺利夺取了荆州，未伤一兵一卒。

另一方面，曹仁率领军队与徐晃协同作战，他们对关羽发起了猛烈的攻击。文聘则从水路出击，出其不意地截断了关羽的粮道，使关羽在战斗中连连失利，节节败退。关羽得知荆州已经失守，不得不急忙撤军。全军覆没，只剩下他本人和少数亲信。关羽虽然勇猛无比，但面对数倍于己的敌人，他也无力回天，最终关羽败走麦城，上演了一场千古悲剧。

为给关羽报仇，张飞向范疆和张达下达了军令，要求他们在三天内备齐白旗白甲。然而，范疆和张达向张飞提出，由于时间紧迫，他们无法在规定时间内完成任务。张飞听后勃然大怒，他将这两个人绑在树上，各鞭打50下。范疆和张达被打得口吐鲜血，张飞还威胁说，如果他们在限期内未能完成任务，按照军法处置。范疆和张达经过商量，意识到无论如何都无法在规定时间内完成任务。于是，在夜色中，趁着张飞还在沉睡时，范疆和张达合力刺死了他。

刘备听闻关羽、张飞死讯后，怒火攻心，誓给两位兄弟报仇，一生中第一次没有听诸葛亮的建议，亲率大军攻打吴国。但是，吴将陆逊也是一位智勇双全的将领，他决定暂避其锋芒，采取守势，利用地势和天气条件来消耗蜀军的战斗力。蜀军远征而来，补给线长，还无法速战速决。随着时间的推移，天气越来越炎热，蜀军的士气逐渐低落。刘备为了缓解士兵的酷热之苦，令蜀军在山林中安营扎寨。谁料被陆逊看准时机，他命令士兵每人带上一把茅草，并在进攻时将茅草放置在蜀军营垒周围，然后点燃。蜀军营寨的木栅和周围的林木都是易燃物，火势迅速蔓延开来。蜀军被突如其来的大火搞得大乱，无法组织有效的抵抗，结果，刘备大败，逃往白帝城。

无论是楚汉相争的西楚霸王项羽，还是桃园结义的刘关张三兄弟，无疑都是乱世豪杰。但是，他们最终都因一时的意气用事，让多年的基业付诸东流。

只有保持冷静和理性，才能避免因一时的冲动和情绪而做出错误的决定，更好地应对我们生活中出现的各种挑战，并获得成就。生活中的很多错误决定往往都是一时的冲动和情绪所导致的。因此，只有通过冷静和理性的分析，明智地做出判断，避免因一时的冲动做出错误的决定，我们才能够从容面对生活中的种种变数，实现个人和事业的长远发展。我们一定要时刻提醒自己保持冷静和理性，不断学习和提高自己控制自我情绪的能力，以便更好地应对生活中的各种挑战。

4.善识人用人，成就一番事业

"得人者得天下，失人者失天下。"在中国历史长河中，有过无数英雄豪杰曾因善于识人用人而成就辉煌事业。在现代社会的职场中，处理好管人理事的工作任务，收集别人的劳动成果，换取自己想要的结果，依然是每一个管理者分内的责任。有句话说得好："世上就没有不称职的员工，只有不称职的管理者。"所以说，要想做一个优秀的上位者，就必须善于用人——既要尊重贤德，又要人尽其才，只有这样，才能运势昌旺，一路兴达，成就一番事业。

曹操，字孟德，小字阿瞒，是三国时期著名的政治家和军事家。他深知人才对于成就事业的关键作用，因此一直广纳贤才。他能准确地判断形势，识别出敌人的弱点，并最大程度地发挥己方的优势。这使得他能在历史上写下极为浓墨重彩的一笔。曹操的用人策略也极具特点，他不看重地域、出身这些因素，而是以能力、忠诚度和才干为标准选拔人才。此外，曹操还非常注重人才的培养，并关注他们的发展，后来，这些人才共同为曹操的事业打下了坚实基础。

建安五年（200年），袁绍率领大军南下，企图一举消灭曹操。曹操得知袁绍来袭，决定在官渡迎战。战争初期，袁绍凭借着人数上的优势，对曹操发起了猛烈的攻击。曹操的军队节节败退，形势十分危急。就在这时，曹操的谋士荀彧建议曹操坚守官渡，等待时机。曹操接受了荀彧的建议，下令全军坚守不动。袁绍见曹操坚守不出，便派人去攻打曹操的粮道。曹操得知后，立即派大将徐晃率领骑兵去救援粮道。徐晃在半路设下埋伏，大败袁绍的军队，保住了曹操的粮道。袁绍见攻打粮道不成，心生一计，他派人去劝说曹操投降，被曹操拒绝。袁绍又派人去刺杀曹操，也没有成功。袁绍见一计不成，又生一计。他派人去攻打曹操的后方，企图迫使曹操分兵。曹操得知后，立即派人去增援后方。就这样，双方在官渡僵持了数月之久。曹操的军队因为粮草不足，士气低落。而袁绍的军队因为久攻不下，也开始疲惫不堪。就在这时，曹操得到了一个重要的情报——袁绍的谋士许攸因为得不到袁绍的重用，决定投奔曹操。许攸告诉曹操，袁绍在乌巢存放了大量的粮草。曹操听后大喜，立刻率领5000骑兵，连夜赶往乌巢。乌巢是袁绍大军的粮库，由淳于琼率领万余人看守。淳于琼见曹操来袭，立刻下令迎战。曹操命令士兵们放火焚烧乌巢的粮草，淳于琼见大势已去，只好率军撤退。袁绍得知乌巢被袭，大惊失色，立刻派大将张郃、高览率领大军去救援乌巢。曹操在乌巢设下埋伏，大败袁绍的军队。张郃、高览见大势已去，只好投降曹操。乌巢失守的消息传到袁军大营，袁绍的军队顿时大乱。曹操趁机发起了总攻，袁军一触即溃，死伤无数，袁绍只得率领残兵败将退回北方。官渡之战是中国历史上著名的以少胜多的战役，奠定了曹操统一北方的基础。曹操在此战之中，听取了荀彧等谋士的建议，还收服了许攸、张郃一谋一将，为日后三国鼎立打下了基础。

207年秋，曹操的北伐大军抵达乌桓部的领地。乌桓部数万大军聚集在白狼山下，企图用伏兵之计突袭曹军。曹操率领先锋队迅速赶到白狼山高地，俯瞰下方的敌军，观察他们的动向。此时，五虎良将张辽果断地向曹操建议："趁乌桓还未完成战斗部署，我军应抢先出击，打他们一个措手不及。"曹操看着张辽，他知道这个决定的重要性。他看向山下，乌桓的大军犹如一片黑云，而张辽的建议就像一把锐利的剑，直指敌人的要害。曹操微微点头，赞同了张辽的建议。他决定由张辽领军出战，冲击乌桓的阵线。接到命令的张辽，毫不迟疑地挑选了千余轻骑兵。他们在拂晓时分出发，如同一道闪电划破了寂静的夜空。他们骑着战马疾驰，目的地正是山下的乌桓军阵。当阳光洒在大地时，乌桓大军惊异地发现曹军的骑兵已经冲到他们的阵地前。千余骑兵如入无人之境，如雷震般冲击着乌桓的军队。乌桓的军队在曹军的猛攻下开始动摇，他们的阵线也被撕裂开来。乌桓单于在惊恐中试图逃跑，但张辽紧追不舍，最终将单于斩于马下。随着单于的死亡，乌桓大军开始全面溃败。他们失去了指挥，士气大跌，无法再与曹军抗衡。白狼山下，曹操的北伐大军取得了决定性的胜利。曹操用人的智慧得到了验证。他知人善用，能够准确地判断一个人的能力和价值。他知道张辽的勇气和才智，所以他采纳了张辽的建议。

在合肥之役中，曹操再次展现出了他知人善用的能力。曹操任命张辽、乐进和李典三位将领共同防守合肥。虽然兵力不足，但曹操给三位将领进行合理分工，最终成功击退了孙权的十万大军。另外江陵之战，曹操任命曹仁为大都督，负责守卫江陵城，他耐心地指导曹仁如何进行城防部署，并派遣谋士荀彧协助他。最终，曹仁成功守住了江陵城，为魏国争取了宝贵的时间。

通过曹操的故事可以发现，善于发现和使用人才，是一个组织、一个国家，乃至一个时代繁荣昌盛的关键。在一些风云变幻的时代，许多杰出的领导者，如曹操、秦始皇、汉武帝，他们之所以能够开创一代伟业，很大程度上是因为他们善于识人用人。不仅具备敏锐的眼光去辨识人才，更有宽广的胸怀容纳各种不同的人才。他们知道如何将合适的人放在合适的位置上，让每一个人的长处都能得到充分的发挥。此外，他们也非常注重培养德才兼备的人才。只有具备高尚品德和卓越才能的人，才能真正为组织带来长远的利益。他们不遗余力地选拔那些有潜力、有担当的员工，并给予他们充分的信任和机会，让他们在实践中不断成长和提升。

5. 做人就要广结善缘

常言道："好运是求不来的，只能靠修为吸引而来。"这句话的意思是说，人人都应该广结善缘。

广结善缘，是一种人生智慧，也是一种处世之道。它意味着我们要以善良和包容的心态去对待周围的人，去建立和谐的人际关系。这不仅能够帮助我们赢得他人的尊重和信任，更能够在人生的道路上为我们铺设平坦的通道。

广结善缘，首先要心怀慈悲。我们应该学会关心他人，体恤他人的痛苦，帮助他人解决问题。如此，他人也会以同样的态度来回应我们，从而形成良性的互动和循环。

广结善缘，还需要我们具备宽容的胸怀。在这个世界上，每个人都有自己的个性和习惯，有时难免会产生摩擦和冲突。如果我们能够以宽容的心态去对待这些不同，去理解和接纳他人的差异，那么我们就能够避免很多不必要的争执和矛盾，建立起更加和谐的人际关系。

当然，广结善缘并不意味着我们要无原则地迁就他人，放弃自己的立场和尊严。相反，广结善缘是建立在平等和尊重的基础上的。我们应该坚持自己的原则和价值观，同时也要尊重他人的权利和选择。只有在这样的前提下，我们才能真正建立起健康、和谐的人际关系。

汉赵王朝的开国皇帝刘渊是匈奴左部帅刘豹的儿子，但在成长过程中十分倾慕中原文化，他具有非比寻常的政治社交才能、卓越的军事领导水平和广结善缘的豁达人生态度，最终建立了十六国时期的北方王朝。

据说，刘渊的祖先是西汉时期的匈奴冒顿单于，后迎娶了公主身份的汉朝宗室女，因此与汉高祖刘邦缔约为兄弟之国。到了西晋时期，刘渊的家族便以汉室后裔自居，并自冠以刘姓。自少年时期起，刘渊就以慈悲心和孝顺知名，母亲去世，他悲伤不已、泪流不止。太原人曹魏司空王昶因此认为他人品贵重，并派人前来吊唁。此后，刘渊家与北方世家大族开始结缘。

刘渊十分努力上进，王昶之子王浑声望很高，也与刘渊交好并公开称赞过他。刘渊曾赠予王浑匈奴左部落的特产宝马，王浑让儿子王济回礼以表感谢。可以说，刘渊与王氏家族三代世交，也因此逐渐与并州的部分豪门大户开始有所接触。刘渊喜结善缘，素来出手又十分阔绰，因此只用了很短的时间就在太原一带的世家豪门中积累了良好的声誉。由于身材魁梧，气度不凡，又善骑射，刘渊不仅在匈奴人中有一定的威望，西晋的很多名士也认为他非同常人。王浑曾多次将之举荐给晋武帝司马炎，宾主二人数次交谈，氛围十分轻松愉快。

后来，王浑又多次向晋武帝进言，意图举荐刘渊领兵打仗，晋武帝听闻后很高兴，于是转头询问大臣孔恂、杨珧的建议。孔、杨听闻此言，立刻表示极力反对，他们认为刘渊才智过人，又善经营，还具备一定的军事头脑，是一介枭雄，给他派兵对他来说无异于如虎添翼，这将会使平稳的局面泛起无谓的涟漪。晋武帝只好作罢。

泰始六年（270年），秃发鲜卑部落反叛，西晋数次派兵镇压，均未成功。晋武帝下诏，征集能平乱的英才，很多朝臣都推荐刘渊，唯有孔恂反对，他认为相较于反叛，刘渊领兵才是大害，晋武帝只好再次放弃这个念头。虽然这一时期刘渊暂时未得重用，但屡次有朝臣举荐，说明刘渊热衷社交、广结善缘的行为已经收获了正向的反馈。

咸宁五年（279年），匈奴左部帅刘豹去世，刘渊赶回家乡奔丧，并暂时出任代理左部帅。十年后（289年），刘渊被任命为北部都尉，终于获得实权，能够管辖一部匈奴。期间，他把在中原学到的治世之学融会贯通，用以管理部落。他努力做到令行禁止、公允公正，并依法惩治罪犯，因而很受牧人的爱戴。他目光长远、广散钱财，时不时就会接济落魄的并州士族，幽州、冀州的名士都愿意投奔他而来，为他效力。

西晋爆发"八王之乱"后，司马一朝无力照顾并州，匈奴五部的贵族实际上又都拜在刘渊的旗下，成都王司马颖曾短暂控制了朝政，他立马任命刘渊为冠军将军，希望他为自己所用，并派他回并州召集人马，辅佐自己出战。刘渊刚一回到并州，匈奴贵族们就立刻拥立他为大单于，就在此时传来了司马颖战败后逃跑的消息。元熙元年（304年），刘渊在南郊筑坛祭汉高祖刘邦后自立为汉王，并设立百官。很快，刘渊的军队便拿下了太原、屯留等大面积的土地。

西晋王朝不断派兵，想剿灭刘渊，但多次吃亏、大败。环环相扣，这时刘渊早年结下的善缘开始发挥作用了，曾与他交好的世家大族都陆陆续续归附于他。永嘉二年（308年），刘渊正式称帝，建立了"汉赵"政权，迁都平阳。后来，刘渊的儿子刘聪占领了洛阳，俘虏了晋怀帝。至此，西晋灭亡，彻底消失于历史的长河之中。

广结善缘的重要性在于，它不仅能够为我们在人生的道路上积累更多的资源和人脉，更能够让我们在遭遇困境时得到他人的帮助和支持。刘渊在"八王之乱"后能够迅速崛起，建立自己的王朝，很大程度上得益于他早年结下的善缘。那些曾经与他交好的世家大族，在关键时刻纷纷归附于他，为他提供了强大的支持。

然而，广结善缘并非无原则的结交，而是要在保持自身原则和立场的基础上，用真诚和善意去感染他人，赢得他人的尊重和信任。

我们应该像刘渊一样，用真诚和善意去对待身边的每一个人，用心去结交那些值得结交的朋友和伙伴，为自己的人生之路积累更多的资源和人脉。同时，我们也要保持自己的原则和立场，不忘初心，坚定前行，在人生的道路上不断追求更高的境界和更美好的未来。

6. 知彼知己，方能百战不殆

在如今这个多元化的社会里，充分了解、分析自己和他人的能力是成功制胜的关键因素，即"知彼知己，百战不殆"。通过了解他人，能够更好地理解他们的需求、动机和价值观，能够建立起互信和良好的人际关系。了解他人意味着尊重他们的观点和想法，愿意倾听他们的声音，并设身处地地去考虑问题。这样的做法不仅能够增进彼此之间的理解和沟通，还有助于更好地协作和合作。而了解自己，能够更好地认识自己的优势和劣势，帮助我们更好地利用优势，并找到改进和发展的方向。了解自己也意味着更有针对性地制订计划和策略，知道自己的能力和不足，以及他人的特点和需求，就能够更加自信地面对挑战和困难。同时，也能够帮助我们更好地应对变化和适应环境，取得更好的成果。

刘备白帝城托孤后，诸葛亮肩负的责任越发沉重，因为只剩下他一人推进北伐事业。就在这筹备北伐战争的关键时刻，蜀汉内部发生了叛乱，这令诸葛亮感到极度愤怒，因此，他带领了3万兵马亲征南部四郡。

诸葛亮成功平定南蛮三洞元帅后，派遣王平与关索作为诱饵，精心策划了一场看似战败的表演，成功诱导南蛮王孟获进入了一个地势极为险要的峡谷。张嶷和张翼从两侧迅速出击，与王平、关索一同形成夹攻之势，使孟获陷入重围。尽管孟获奋力抵抗，但最终还是未能抵挡住蜀军的猛烈攻击。被擒后孟获对自己的失败不服气，他辩解道："这是我自己的疏忽，中了你的计谋，怎么能让人心悦诚服？"面对孟获的质疑，诸葛亮并未强求他臣服，而是释放了孟获。

在释放孟获之后，诸葛亮招来孟获的副将董荼那，谎称孟获将所有罪责都推卸给他，说罢便故意放走了他。董荼那回去后，心怀不满，亲自捉拿了孟获并将其送到蜀军营地。这一次，孟获是被自己的盟友捕获并送至诸葛亮面前的，这使得孟获更加不服。当诸葛亮放走孟获后，孟获立即处死了董荼那和阿会喃，但这也导致无人愿意再继续为他战斗。

孟获计划让其弟孟优率领一支精锐部队向孔明进献珍宝，并趁机实施暗杀。孔明知道后放声大笑，并指示属下在酒中下药，让孟优等人饮用。当夜，孟获率领3万大军冲入蜀军营地，但进入营帐后才发现自己受骗，因为孟优和他带来的士兵均已烂醉如泥。此时，魏延、王平、赵云分别率兵从三路杀来，孟获大败，独自逃往泸水。最终，马岱率领士兵在泸水畔生擒了孟获。不料，诸葛亮又第三次放走了孟获。

为了复仇，孟获集结了10万军兵。他身披犀皮甲，骑着赤毛牛，威风凛凛。部下则是一群打扮怪异的刀牌獠丁，脸上涂着恐怖的妆容，头发散乱，宛如野蛮人一般冲向蜀军的营地。经过一番激战，孟获的兵力逐渐疲软，孔明的精锐部队趁机从两翼夹击。孟获大败，他逃到一棵大树下，不料却失足掉进了诸葛亮设下的陷阱，被生擒后，孟获依然心有不甘，但孔明选择四纵孟获。

后来，孟获逃亡秃龙洞，向银冶洞的杨锋求援。因为诸葛亮之前未杀自己的族人，杨锋心怀感激，于是在秃龙洞内捕获孟获后，将其恭敬地押送给孔明。这次，孟获自然不甘心束手就擒，他要求再次与孔明进行决战，孔明五纵孟获。

在银坑洞，孟获聚集了上千名部众，并派遣妻弟邀请能驱使毒蛇猛兽的木鹿大王共同对抗蜀军，蜀将张嶷和马忠被擒。诸葛亮运用策略，成功活捉了孟获的妻子祝融夫人，并用她作为交换，救回了张嶷和马忠两位将领。孟获再次请求木鹿大王出战。木鹿大王骑着白象，口中念诵咒语，摇动手中的铃铛，驱使一群毒蛇猛兽向蜀军进发。但孔明早有准备，他派出巨型木制兽，使其口吐火焰，鼻冒烟雾，成功吓退了孟获的毒蛇猛兽。在接下来的日子里，当诸葛亮正要分派部下捉拿孟获时，突然得知孟获的妻弟引领他前往自己的营寨投降。但诸葛亮识破了他们的伪装，命令士兵将他们全部拿下，并搜出他们身上的兵器。孟获再次不服，声称只有当他被擒获七次后，才会真正投降。于是，诸葛亮六纵孟获。

第七次，孟获召集了乌戈国的藤甲军，藤甲刀砍不破，水淹不了，极为厉害。由兀突骨统领，与孔明展开激战。孔明先期接连失利，后来用油车点火，消灭了敌军，也就是著名的火烧藤甲兵。这令孟获第七次落入诸葛亮的手中。自此，孟获彻底打消了反叛的念头，深知自己已无法再与蜀汉对抗，因为诸葛亮实在太了解人性，太了解自己了。于是，回到部落之后，他积极劝说各部落归顺蜀汉，使南中地区重新成为蜀汉的疆土。

在现今社会，我们也能从七擒孟获的故事中获得一些启示和借鉴。尤其是在工作中，知己知彼的重要性以及智慧和坚持的力量，同样能发挥重要的作用。在职场中，经常会面临各种挑战和困境，有时候会遇到难以理解或与我们看法相左的同事或领导。

在这种情况下，了解对方的动机和心理就显得尤为重要。通过倾听和观察，可以更好地理解对方的需求和期望，从而更好地进行沟通和协作。当面临困难和挫折时，不能轻易放弃，要保持持久的努力和坚持。因为，无论是在工作中还是在生活中，了解他人的思想和期望，保持智慧和坚持，都是取得圆满结局的关键。

7. 心有所诚，才能事有所成

孔子曾说："民无信不立。"古往今来，诚信都是一张非常有说服力的名片。只有保持良好的信誉，才能得到他人真正的认可。所以说，做人做事一定要诚实守信，只有"心有所诚"，才能"事有所成"。言而有信，是对他人最好的尊重，这样的人，也一定会收获尊重。任何一句口头的随意许诺，都会给别人带来期待，如果不信守承诺，对方就会因为感到被愚弄而十分失望，这对建立良好的社交关系是百害而无一利。因此，做人必须严于律己、以诚待人，只有这样才能更多地受到尊重与爱戴，也只有这样的管理者才能更好地管理团队，更好地带领团队走向成功。

魏文侯在三家分晋后，一直坚守立信原则，曾联合赵、韩向周天子请封，因此在韩、赵、魏三家中是当之无愧的大哥。某日，魏文侯与看守园林的虞人约定外出打猎。到了赴约当日，外面下起了大雨，魏文侯正与官员们饮酒作诗。忽然想起来与虞人的约定，于是决定赴约。臣子们问他为何冒雨也要出行，他说："我与虞人有约，岂能因欢宴而失信。"然后，他命令侍从准备车马、弓箭，自己穿上蓑衣，前往山林去赴约。倾盆大雨中的虞人原本以为魏文侯不能前来了，但时间一到，魏文侯的车子就出现了。虞人官职很小，但魏文侯仍然遵守与他的约定，没有因其身份低微而轻视，这样的人也得到了韩、赵邻国君主的尊重。

晋国的领土交错纵横，在三家分晋之后，每一方都想整合属于自己的分散土地，结果却逐渐背离了彼此同心同德的初衷。当时赵国领导人尚未得到周天子的许可，就秘密派遣使者与魏文侯会面，提议共同出兵消灭韩国，以图瓜分韩国的土地。没想到魏文侯却断然拒绝，并让使者回禀赵献侯："我一向视韩侯为自己的兄弟，怎么可以攻打他呢？"不久后，韩国也派出使者带着同样的目的与魏文侯会面。魏文侯同样拒绝了，并让使者用同样的说辞答复韩武子。得知魏文侯的态度后，韩、赵两国对他十分敬佩。为了消除猜疑，魏文侯向韩、赵两国分析了当前的局势：赵国实力最强，韩国、魏国都弱于赵国。因此，在韩、赵、魏三国中，如果赵国出兵攻打韩或魏，都将引发两国联手抵抗，自己也会陷入困境。韩赵两国是唇齿相依的关系，如果赵国联韩或联魏攻打另一方，最终也是赵国获利最大。因此，不如大家坦诚相待，对外扩张，谋求共同发展，打破眼下的局面。

经过魏文侯对外交局势的详尽剖析，韩、赵两国纷纷倒向魏国，不再互相牵制，共同走上对外扩张的道路。赵国位于魏国的北方，若魏国向北发展将导致两国争斗不休。韩、魏有个共同的邻国郑国，实力相对薄弱。但向郑国方向扩展又将引发与韩国的激烈竞争。因此，只好向西扩张，向秦国进攻。

魏文侯二十七年（前419年），魏国在少梁（今陕西韩城西南）修建多座军事堡垒，为打击秦国囤积了粮草和军械。秦国试图夺取堡垒但未成功，于是沿黄河建造了大量城障作为防御武器。

魏文侯三十三年（前413年），吴起率领魏军在河西之地大败秦军，成功破城，深入秦国境内，直逼郑地，一时之间，秦国上下大为震惊。郑地在今陕西附近，是当时重要的粮食产地，魏军在郑地与秦军展开激战，成功吸引了秦国主力。与此同时，魏国太子魏击指挥军队渡过了黄河东岸，夺取了秦国西河防线上的重镇繁庞。到魏文侯三十八年（前408年），魏国已几乎占据了整个西河地区。

魏文侯深知，军事上的暂时胜利并非长久之计，他更渴望赢得这片土地上的人心。于是，他决定从文化和人心入手。魏文侯亲自拜访孔子的高徒卜商，希望他能到西河地区开展讲学。卜商已是百岁之身，双目还失明了。但魏文侯仍然诚意拜师，因此，卜商带领一众学生来到了西河。虽然卜商无法亲自讲学，但他依然成为魏文侯招揽人才的旗帜。后来，他的众弟子广泛传播他的思想，并且创立了"西河学派"，还为魏国输送了大批精英人才。魏文侯为遏制秦国东扩，又下令在洛水东岸修筑防御工事，把秦国牢牢封锁在洛水以西长达18年的时间，此举使魏国成为战国初期最富强的国家。

综观魏文侯的一生，可以说是以诚信赢取民心，继而立国、成就伟大霸业的一生。信守承诺的人往往都十分稳重、踏实，做事情认真、靠谱，因此，大家也更愿意与之合作，辅助其成就霸业。"天助自助者，人助诚信者"就是这个道理。信守承诺，不仅仅是尊重他人的表现，也是尊重自我和极度自律的体现。自律的人往往会受到周围人的多方助力，成功是水到渠成的事。君子养心，莫善于诚，诚信是一个人被相信的资本，诚信是你的金字招牌，再万不得已的时候，都不能放弃诚信。要想建立良好的社交关系，就必须保持诚信，而这也将是我们自我推销、走向成功最有说服力的名片。

第七章

共赢：
以合作的方式
助力高端控局

1. 沟通就是要满足双方的需求

　　良好的人际关系的构建主要仰仗的是沟通能力。沟通能力是一种由多维度能力组成的复合能力，它的真正目标就是要满足需求，实现合作与共赢。在沟通的过程中，我们需要满足对方提出的需求，对方也是如此。达成共赢是双方沟通的核心目标所在，只要双方存在共同需求，就能打破僵局、顺利对话，最终使双方都达成所愿。

　　作为战国时期的秦国名相，吕不韦为秦国后期的大一统事业做出了重要的贡献，但在未进入秦国政坛之前，他在卫国只是一名普通的商人。那么吕不韦是靠什么方法起步发家的呢？答案就是依靠其高明的社交手腕。他一直信奉这样一条黄金社交法则，即社交的最高境界就是追求合作与共赢。

　　由于吕不韦很喜欢社交，也精于社交，因此他在六国都建立了丰富的人脉关系。在不断结交通商地达官贵族的基础上，他的生意版图也逐渐庞大。

当时，秦国的公子子楚在赵国充当人质。质子通常会面临两种结局，要么成功"镀金"，要么沦为"弃子"。在当时的人看来，毫无疑问，公子子楚就是弃子一枚。他本是秦国太子安国君的儿子，他的母亲出身低微，并不受宠，他还有20多个兄弟，他的父君也不在意他的死活。有段时间秦赵交恶，秦国多次派兵攻打赵国，赵国没有诛杀公子子楚泄愤，已经算是便宜了公子子楚了。

秦国十分苛待公子子楚，给他的生活费用非常微薄，因此，他在邯郸的生活一度有些捉襟见肘。但吕不韦却眼光毒辣，认为在公子子楚身上投资，是一本万利的买卖。于是，他开始着力结交公子子楚，还请他去参加一些上流社会的聚会，但公子子楚参加聚会每每都穿一些十分破旧的衣袍，吕不韦看见后，送给了公子子楚很多新的袍服，甚至还有昂贵的裘皮。由于没有钱维修、维护马车，公子子楚出门一般都是步行，吕不韦就把自己乘坐的"豪华"车驾送给他，而这种车驾只有一部分贵族和首富、巨商才能拥有，其价值就等同于今天的豪华跑车。

因此，公子子楚多次表示十分感激吕不韦，并说自己目前还没什么大的力量，否则一定会重用吕不韦。此后，在吕不韦不断"投钱"的影响下，公子子楚的生活开始具备了基本的王室公子的体面。

吕不韦不是平白做慈善，那怎么能让公子子楚成为一个"有力量"的公子呢？这时他又开始转向了新的社交对象，即安国君的正室华阳夫人。初到秦国的吕不韦求见华阳夫人无门，于是就拜见了华阳夫人的弟弟阳泉君。当时，阳泉君在秦国的朝堂上说话十分有分量。吕不韦觐见后，就立即开门见山地问道："你姐姐华阳夫人并无子嗣，但另一位夫人的儿子子傒却很受国君的重视，如果未来是子傒登上王位，你还能有如今的呼风唤雨和荣华富贵吗？"阳泉君回答道："的确不能，请问先生，那么我应该怎么办？"吕不韦说："在赵国做人质的公子子楚为人非常贤德，但在秦国朝中无依无靠，如果华阳夫人能够收留他，现在太子十分宠爱夫人，他势必会把公子子楚立为继承人，以后公子子楚登上王位，那夫人和您的身份不就依然尊崇，荣华永固了吗？"阳泉君听后，连连点头称是，并引荐吕不韦觐见自己的姐姐华阳夫人。吕不韦劝说华阳夫人，如没有子嗣，只怕将来会因为年老色衰而"爱驰"，最终一无所有。华阳夫人也很认可他的话。吕不韦又劝说华阳夫人接纳公子子楚，并以公子子楚的名义给华阳夫人送了许多礼物。华阳夫人说自己会认真考虑，并希望能经常得到关于公子子楚的消息。

有一天，华阳夫人趁着安国君高兴，就向他赞扬公子子楚的品行，并哭着说自己无后，十分担忧未来，希望立公子子楚为继承人。安国君同意了这个提议，并剖符立誓，确认公子子楚为继承人，还给他送去了许多赏赐、财物等等。赵国获悉后，也对公子子楚更加礼遇，并给他提供了更为宽敞明亮的住所。这一切的改变，都要归功于吕不韦的苦心筹谋。

前251年，秦昭王去世，安国君继任，是为秦孝文王，他仅仅在位三天就去世了，之后公子子楚登上王位，是为秦庄襄王。之后，吕不韦被重用，秦庄襄王任命他为丞相，并赐爵文信侯，还赐以洛阳十万户为食邑。吕不韦始终选择和自己的同盟者保持一致的利益，达成合作与共赢，才使得自己成为战国时期最厉害的操盘手。

想要达成合作、把局面牢牢地掌控在自己的手中，就必须突破壁垒，尽可能寻找与合作方共同的利益基础，这样才能互惠互利、互相依赖。利益相同的不同团体可以结成坚实的盟友，而利益相异则会导致解体。是否能达成共赢将会决定立场，共赢是合作的基础，谋求共赢、达成合作最终也是为了实现自己的利益最大化，因为一旦达成目标，就是一荣俱荣。只有这样的合作，才会更加坚实。只有这样的合作者，才会使同行的路走得更长远，最终扭转局面、掌控局面，实现自己的人生理想、抱负和价值。

2. 决策能力是寻求共赢的基础

　　准确的判断，能指导我们获取利益，实现合作，达成共赢。人生是许多个判断积累到一起而成的结果，过去的决策造就了我们当下的人生，现在的选择，则会塑造我们未来的人生。因此，是否能做出清晰、准确的判断，形成的人生结果是完全不同的。正确的决策就像黑夜里的灯塔，为我们指明前进的方向，使我们的人生实现利益最大化，促使我们与他人达成合作，实现共赢。也使我们能成为自己命运的主人，掌控自己的命运，主宰自己的世界。

　　后赵开国皇帝石勒是十六国时期的群雄之一，张宾是辅佐他建国的重要帮手。张宾具有十分果决的决策能力，正是这种能力最终引导石勒走向胜利。

　　一开始，石勒是汉赵皇帝刘渊的手下，刘渊死后他又追随刘聪，成为他的手下。永嘉四年（310年），石勒率兵进攻江汉平原，直逼东晋。张宾建议石勒向北面出击，但石勒并没有听他的提议，不久军粮告急，士兵们饿着肚子开战，战斗意志力十分薄弱。东晋方面的王导获悉了这一情报，立刻派晋军出击，将石勒的军队打得落花流水。这一次败北之后，石勒采纳了张宾的建议，选择了退守北方，在此之后，张宾逐渐进入石勒的决策团，并成为其中的核心人物。

汉赵政权在刘聪的统治下非常不稳定，甚至一度摇摇欲坠。各路将领都在努力扩充自己的势力，司隶校尉王弥一直想兼并石勒，但却装出和善的模样，还总给石勒送金银财物。张宾就一直告诉石勒，王弥居心不良，一定要看准时机将其除掉。王弥骁勇善战，在攻陷洛阳后，他把俘获的美女和珍宝都送给了石勒。张宾认为以王弥如今的权势，一直送来这么多迷魂汤，一定是别有用心，只怕是个劲敌。后来，王弥与武装流民刘瑞开战，正处于僵持之中，张宾劝石勒出兵协助王弥，以获取其信任。在石勒的帮助下，王弥战胜了刘瑞。王弥以为石勒不再心怀警惕，因而也放下了戒心。石勒提议要宴请王弥，王弥的下属都不让王弥赴宴，但轻信和膨胀使得王弥盲目自大，未带兵甲就单刀赴会，结果被石勒杀死，人马也兼并入石勒的麾下。

永嘉六年（312年）二月，石勒受命去攻打建业，但天公不作美，天天都是雨意连绵，军队里面突发流行疾病，军粮供给也不充裕，因而死伤惨重。石勒的许多幕僚、谋臣都劝说他暂时投降，待日后有机会再进行反攻。但张宾却一针见血地反对，他表示石勒攻下了晋朝的国都后，俘虏了国君，杀了很多朝臣，是血海深仇、不死不休。一旦投降，必会遭受反扑。张宾建议可以陆续撤军，此时的晋军已经被打昏了头，己方撤军他们只会庆祝，而绝对不会追击。如果先撤辎重，大军慢慢殿后，一定会万无一失。石勒听从了张宾的建议，还升任他为右长史，并称呼他为"先生"，此后，张宾完全是石勒决策团的支柱人物。

晋朝的幽州刺史名为王浚，他的麾下人手众多，势力很大，他一直试图吞并石勒，他在鲜卑段氏部落训练有一支强大的雇佣军，大约5万人，王浚率众进攻石勒的根据地襄国，导致石勒损失惨重，张宾建议等待敌人攻城后，后方空虚，悄悄挖地道去擒获对方的主帅段末杯，石勒采取了张宾的建议，果然有如天降奇兵，抓获了段末杯，大败雇佣军。石勒非但没有杀掉段末杯，还释放了他，双方歃血为盟，彼此不再开战。此后，王浚的势力急剧缩减。

张宾认为王浚虽为人臣，但一直都有不臣之心，因此石勒可以假意支持王浚上位，再借机杀掉他。王浚以为石勒是真心投诚，便不再过多防范。石勒表示要给王浚送礼，亲自驱赶数千头牛羊进入王浚的领地，在士兵还没反应过来之前，石勒带一队轻骑兵杀入王浚的府邸，斩杀了王浚。

光初二年（319年），石勒自称为赵王，立赵国，并设立百官，张宾作为首府勋臣统领文武百官，几乎等同于宰相。每到关键时刻，张宾都能提供有价值的正确建议，这才推动了历史的走向，既助力石勒成就了一番伟业，也实现了自己的人生价值与理想抱负。

我们每一个人都应该学习如何做出正确的判断，如何清晰、理性地分析自己的世界所出现的一切变化，正确的判断意味着收获正向的回馈，良好的行事作风必将收获良好的福运，多次的正确判断必将会串联起人生的坦途。因此，我们一定要强化自己的判断能力，争取成为更聪慧的人，以期为自己争取更多共赢型的合作，让自己的胜利战绩簿日益丰富，实现对自身命运的自如掌控，最终成为一名合格的控局高手。

3. 在合作中成就对方，实现自我

在社会交往中，人们都想达成合作，因为良好的合作可以为双方或者多方谋求更多的福利。但要想顺利实现合作，成为彼此的同路人，就必须先使双方觉得"有利可图"，能实现共赢。人们进行社交活动的本质要求就是实现自己的目的，获得共赢。共赢是联结多方共同前进的纽带，没人想要做亏本的买卖，大家的终极目标都是盈利。因此，要用合适的方法去诱导别人做出顺应己方利益的行为，或者要想实现一个目标，就把它设置成为他人的利益追求点，只有这样，才能把局势牢牢地掌控在自己手中，让自己的状态走向呈现良好的走势，在实现共赢、达成合作的基础上最终实现获取己方的最大化利益。

北宋名相吕夷简，一向以善于理政闻名于世。宋理宗宝庆年间，朝廷为纪念开国以来的诸位功臣，建造了昭勋阁。

吕夷简排在"二十四功臣"第十位。同列的还有开国名臣赵普、曹彬等等。

宋真宗咸平三年（1000年），吕夷简考中进士。一开始他任职地方司法官员，后来被调进中央，曾任职于礼部和刑部，因此具有非常丰富的处事经验。宋真宗曾安排人把吕夷简的名字写在自己身边的屏风上，当时的人们都认为他终有一天会位极相臣。

宋仁宗时期，夏州定难军留后（节度使）李元昊不再向宋朝俯首称臣，而是预备要公开称帝，西夏正式宣布要反抗北宋。西夏南部一条山脉形成与宋朝相接的天然边界，平时两国都根据这条山脉防线建立自己的军事防控区域。在经历了一系列的军事行动后，李元昊终于突破了这道防线，并夺取了宋朝的金明十八寨。听闻此事，宋朝中央政府派本是监察御史的刘平担任大将军，率部前去支援。一开始，虽然西夏军队人多势众，但大将刘平沉着冷静，指挥有力，众将士拼命上前、奋勇杀敌，给西夏军带来了重创。但在两军交战的最关键时刻，监军黄德和出于害怕率众逃跑，造成宋军阵营一片混乱。大将军郭遵杀到最后一刻，最终中箭身亡，刘平率部下血战三天，边战边退，最后被俘虏，李元昊逼迫刘平投降，但刘平坚决不从，之后很快病死在西夏。

这一战，宋军战损十分惨重。大将军刘平、郭遵等都以身殉国，逃跑的黄德和一开始污蔑刘平投降在先，结果宋仁宗把刘平的家人全部抓进了监狱。半年后，陆续逃回来的士兵终于向皇帝讲明了真相。皇帝一怒之下，下令腰斩监军黄德和，并把他的首级挂在城墙上。后来，朝臣们总结经验，都说黄德和临阵脱逃是此战失败的最主要原因之一。大家控诉监军政策的弊端。北宋是武将建国，因而对武将极其不信任，每每有战事都要施行监军政策——即由皇帝信任的太监前去监军。太监常扰乱军心，最终使得军事进展不利，皇帝又会很愤怒，甚至还会处死监军太监，但废除监军制度动摇的是皇帝的利益，因而宋仁宗十分犹豫。

吕夷简非常清楚，皇帝是不会下令废除监军制度的。但是杀了一个监军，摆明了立场，好歹之后的监军就不敢肆意专权了，而且如果即刻就废除监军制度，整个边防都有可能会陷入极大的不稳定之中，因此他向皇帝提出这样一个建议：不必废除现行的监军制度，只需要严格把控监军人选，即挑选合适的人才来监军。皇帝听说了这个提议十分高兴，让吕夷简给自己提供合适的监军人选。吕夷简表示，皇家一向明令禁止大臣与宦官交往、联结，自己如果与宦官来往就是在政治上犯了大忌，自己既然从未与之来往，更不清楚其贤德情况，因此无从举荐。最好的办法就是让宦官们内部互相举荐，并由皇帝下令，举荐不当的人与犯罪者按同罪论处。这样不仅能选出来合格的人才，还能有效地防止他们互相包庇。宋仁宗特别认可吕夷简的这个办法，立马就应允了这个提议。其实本来，朝廷曾对外派的宦官进行多次教育，但他们依仗自己是皇帝身边侍奉的近臣，总是十分的嚣张跋扈，且滥用职权。但是采用了吕夷简提出的方法之后，他们都明确了切身利害关系，再也没有过狂妄自大、作威作福的事情发生。

吕夷简能快速顺应皇帝的思路，依靠利益的诱导使事态按自己的期望方向发展，最终稳定了朝政和时局，自身也成为仁宗一朝的重要首辅大臣。

有的时候，人们可以在合作中加入更多的思考和探索——即用更大的力量去探寻对方的利益点，寻求共赢，因为共赢是人们行动的出发点和落脚点，只要把握准确了对方的利益点，再加上以此作为引导，就可以实现对对方行为走向的引导和预判。追求共赢当然不是坏事，因为只要有追求共赢的意识，这个人就可以在我们的引导下成为我们事业的重要的、得力的帮手。有所得必定有所付出，用利益引导他人，对他人施以利益的同时，他人一定也会有所回报，给我们带来我们需要的东西。因此，要学会引导他人，实现共赢，达成合作，让他人成为我们的同盟者，从而助力我们的事业更上一层楼。

4.互相成就才能稳定关系

要想建立一段稳定的关系，各取所需毫无疑问是至关重要的。因为，只有当人们能够互相理解和满足彼此的需求时，关系才能得以维持和发展。这种关系不仅体现在物质层面，也体现在情感和心理层面。人们需要彼此的关心、理解和支持，以及相近的价值观——这些是建立稳固关系的基石。当然，如果在顺应对方的需要，为对方创造快乐和满足感的同时，满足对方的实质需求，关系将会变得更加稳固。

东晋王朝末期，贵族政治逐渐转向军阀政治。桓玄篡权后自拥为帝。元兴三年（404年），北府军将领刘裕在京口地区起兵，要向桓玄开战，但缺乏能执掌主簿的人才。这时，刘穆之来到了京口，投入刘裕门下，并逐渐成为刘裕团队的核心人物，是刘裕登上帝位的得力助手。

刘裕要征讨桓玄，北府军将领刘毅、老将刘牢之的外甥何无忌是鼎力支持的，在当年的冬天他们就彻底肃清了桓氏的势力。晋安帝还曾下诏表扬刘裕，将他升迁为侍中、车骑将军。在此之后，刘裕的官职越来越高，权力也越来越大，他的军事管辖有十六州郡之多。和他同期起兵的刘毅、何无忌也都逐级获得封赏，成为炬赫一时的大臣。

刘穆之给刘裕提供了非常多的谋划，是刘裕相当依赖的左膀右臂。到后期一有什么大事发生，刘裕就会前来询问刘穆之的意见。

义熙三年（407年），本与刘裕交好的扬州刺史、录尚书事王谧去世了。按照当时的晋法，刘裕接管了其职务。由于受到权力的驱使，本来的合作伙伴的关系却在不知不觉间变了质：南平郡公、豫州刺史刘毅不希望看到刘裕坐镇中枢，拥有那么大的权力，因而表示要让中领军谢混接任扬州刺史，由吏部尚书孟昶接任录尚书事，从而起到分权的作用。他派尚书右丞皮沈去告诉刘裕自己的建议，但皮沈第一步先去面见了刘穆之，告诉了他这件事和朝廷官员们的意见、态度。刘穆之假装去上厕所，偷偷告诉了刘裕千万不能听刘毅的安排。刘裕听从了刘穆之的劝告，入朝议事，尽力争取了这个本属于他的位置。后来，他接管了王谧原本的官职，从此开始走向权力中枢。

义熙五年（409年），刘裕向北出发讨伐南燕，刘穆之作为智囊团中重要的一员，随行一起出发。此后，刘裕扫荡了孙恩、卢循等暴乱，其中刘穆之也功不可没。刘毅从来都十分讨厌刘穆之，总在刘裕面前说他的坏话，说给他的权位太高、太重。但刘裕非但没有过多疑忌，反而还给刘穆之更多的自由、权力。

刘毅到江陵后，自作主张地扩充了自己的军事力量。刘裕将此事报告给朝廷，要求出兵讨伐他，就此二刘彻底决裂。刘裕带兵出发后，让刘穆之暂代自己，一定要守住都城。诸葛长民也是刘裕的手下，但他早有二心，刘裕带兵征讨刘毅让他非常担心。他问刘穆之说："太尉（指刘裕）总是不喜欢我，你知道为什么吗？"刘穆之淡定地说："太尉本次出征，把家里的老母亲等一干家人都交由你照顾，怎么能说不喜欢你呢？"就凭这几句话，刘穆之暂时稳定了诸葛长民动摇的军心，使他暂时没有下定决心造反。刘毅被杀掉后，荆州、江州相继划归刘裕手中。不久后，刘穆之晋升为前将军，还独立开府，管理一方事务，后来逐渐成为执掌军事大权的重量级大将军。

义熙十一年（415年），刘穆之又一次晋升，被提为尚书右仆射。府台的一众事务，他都做主拿主意。次年，刘裕雄心勃勃要一统天下，于是出兵向北面进军，同时安排刘穆之在建康驻扎镇守，并掌管朝中各类大事件。有了刘穆之坐镇后方，不管是局势判断、军兵协调，还是粮草补给，刘裕全无困扰。

仅两年之后，刘裕便灭掉了后秦，收复了关中大部分地区。以此为基业，刘裕逐渐统一了北方。后来刘裕听说了刘穆之去世的消息，大为震惊。永初元年（420年），刘裕登上帝位后，追封刘穆之为南康郡公。

一开始刘穆之担任的是参谋一职，后来逐渐发展，走到台前来，全面负责政务、军事等一干事务。某种程度上来讲，刘穆之就像是汉高祖的萧何、魏武帝的荀彧这类超级人才一样，既可以提供政治上的建议、谋划，还能稳定后方，提供不间断的人员、物料支持，真是复合型全能人才。当然，尤为重要的一点是他始终都和领导保持同一立场，提供领导所需要的。领导也回馈了他想要的，君臣二人为共同的目标而努力奋斗，互相托举，最终成就一番伟业。

在建立稳定关系的过程中，各取所需起着至关重要的作用。稳定关系的形成并非单方面的付出所能推动，而是建立在相互满足的基础上。当双方都能够理解对方的需求，并为满足彼此而努力改变、创造的时候，关系就会变得更加牢固。各取所需是建立稳定关系的重要条件，只有通过相互理解、尊重、沟通，准确地

满足对方的需求，才能够成就一段稳定而美好的关系，才能真正
为彼此提供价值，让对方为自己所用，从而互相助力，相辅相
成，共同成就一番宏大的事业。

5. 如何成为团队中的决策者

众所周知，团队是社会性的小团体，这里面既有决策者，又有执行者。决策者指那些能够做出明智决策、引领团队走向成功的人。要成为团队中的决策者，并非一件容易的事，既需要展现引领的实力，又要承担起相应的责任和担当。首先，决策者需要具备广博的知识和丰富的经验，因为只有在深入了解世事、洞察人心的基础上，在自己的领域深耕，积极掌握行业的最新动态，才能做出正确的决策。其次，要积极学习和积累经验，这也是成为决策者的重要基础。再次，决策者还需要具备敏锐的洞察力和判断力，能够准确地分析问题，把握核心要点，发现问题的症结所在，这样才能提出明智的决策。最后，团队中的决策者还需要具备坚定的意志和果断的行动力，当面临重要的抉择时，能够迅速地做出决策，并付诸行动，不动摇，不拖延。总之，成为团队中的决策者需要有全面的素质和能力，不仅要在知识和经验上积累，还要在洞察力、判断力、行动力和团队合作能力上综合提升。

　　隋朝末年，群雄并起，逐鹿中原，隋朝晋阳留守李渊也拉起一支队伍，加入争夺天下的各方势力中。

　　在这场逐鹿中，李渊的儿子李世民最后平定了天下，建立了新的李唐王朝。而之所以是李世民获得成功，除了军队战斗力量强大外，他的智囊团——一群"超强大脑"，也是强有力的战略保障。

　　贞观十七年（643年），李世民命画家阎立本绘制了24位文武功臣的画像以表彰他们立下的赫赫功勋，其中位列第三的杜如晦尤其耀眼，可以说他是李世民登上王位最有力的助推手。

　　李世民与杜如晦的合作，是从隋朝大业十三年（617年）太原留守李渊父子在太原起兵，带领军队杀入长安开始的。待长安安定之后，李世民把杜如晦带入秦王府，并任命他为法曹参军。杜如晦具有卓越的决策能力和敏锐的洞察力，因而特别得到李世民的青睐。

　　在李渊称帝后，唐王朝打天下的任务已经基本结束，外部残余敌对势力也已全部被扫荡干净。就在此时，秦王府李世民与太子府李建成的矛盾逐渐暴露，并越发激烈。

为保持稳定，防止秦王府对太子府造成太大的威胁，李渊下诏，要将大部分秦王府的官员外调，这令李世民感到非常忧虑。房玄龄对李世民说："府中的许多官员外放也就罢了，没什么大不了的，只有杜如晦，要想办法将这个人留下来。当然，如果大王想要做一个闲散王爷，那没有他也罢，但若想成为天下的共主，那就一定要获得他的支持和帮助。"于是，李世民立即上奏，恳请李渊让他留下杜如晦。当时，秦王府已经有许多官员接连外任，只留下了少数的几个人给李世民帮衬。在李渊看来，这没什么大问题，于是就同意了。之后的几年里，但凡李世民出征，都会带着杜如晦一同出行，慢慢地两人之间越来越熟悉，越来越有默契。

唐武德九年（626年），秦王府与太子府的争斗已经到了箭在弦上不得不发的地步了。但秦王府上的文臣武将对于是否与太子府正面对抗这个问题还很犹豫，因为他们虽然是秦王府的属臣，但同时也是朝廷命官，获得的俸银和官职都是朝廷赐予的。帮助李世民争夺一些利益和辅助其争夺帝位，从根本上来讲是两回事：争利益，还是在一个团队里的内部斗争，怎么都好平衡，遮掩过去；争夺帝位，一旦失败，就是造反、谋逆，这不是一般的罪，而是死罪，是一条输不起的道路。因此，即使太子一再紧逼，李世民依然下不了决心，尉迟恭和长孙无忌等人也十分忧虑。这个时候，长孙无忌建议李世民立刻把杜如晦召回来，但此时杜如晦和房玄龄已经被疑心的皇帝下派到了外地，无法立刻面见咨询。李世民解下佩刀，递到尉迟恭手上，让他带着信物，一定要把房玄龄和杜如晦带回来。

房玄龄和杜如晦暂时隐姓埋名，装扮成道士，连夜赶回了长安，从密道进入了秦王府。杜如晦准确地分析了眼下的形势：太子李建成现在身居储君之位，如果他先讨伐秦王府，秦王府将毫无还手之力，只能任人宰割。即使过后李渊不满意再想追责，也是木已成舟无法改变什么。而从秦王府的角度讲，属臣们并没有明确获得主人的起事信号，因此都未做准备，故而一旦太子搞突袭，率先发难，士兵们大概率是会扔掉武器，四散逃命，真正有长远眼光的人，或许还没等太子发作就已经逃走了。因此秦王李世民如果不立刻下定决心，失败和灾祸必将接踵而至。秦王府唯一获得成功的可能，就是抢占先机。杜如晦的话令李世民一下子清醒了，当即与自己的心腹左右制订了详细的计划，之后便发生了历史上有名的"玄武门之变"，太子李建成与齐王李元吉被李世民所杀，唐高祖李渊封李世民为皇太子，后来把皇位让给了李世民。

"玄武门之变"之后，李世民论功行赏，封杜如晦为兵部尚书，进封蔡国公，赐食邑1300户。

要想在团队中成为决策者，并不是轻而易举的事。但随着时间的推移和个人的不断努力，还是有很多资质优秀的队员可以发展成为团队中的优秀决策者。优秀的决策者一定要具备准确沟通和理解合作的能力，能够与团队成员行之有效地交流和合作，能凝聚团队的力量，从而实现为共同目标而奋斗、努力。此外，一位出色的决策者应该是充满激情和创新的，是勇于尝试新的方法和策略的。因此，要坚持不断学习和成长，保持对变化的敏锐感知，以便及时调整和优化决策，适应不断变化的社会环境。成为团队中的决策者，不仅需要个人的努力，也需要团队的支持和认可。故而，团队决策者也需要建立良好的人际关系，从而促进团队的合作和谐稳定。

第八章

运筹：
智者从来
不惧逆风局

1.分蛋糕是一门重要的学问

在现代社会，许多人都面临着一个共同的难题：如何分蛋糕。这并非意味着我们不会将一块蛋糕平均分成相等的份额，而是我们缺乏对资源和机会进行公正分配的技巧——这种技巧的缺失可能会加剧团队内部的不团结和不稳定性。分蛋糕是一门较为复杂的资源分配学问，如何在现在这样一个竞争激烈的社会中，合理地分配有限的资源，是我们现代人迫切需要学习、解决的问题。我们必须意识到这个问题的重要性，要主动寻求学习公平分配的机会。尽管学习分蛋糕可能会带来一些工作之外的麻烦，但这并不意味着我们学不会这门学问。才华可能可以征服一时的世界，但智慧却可以更长久地守护江山。所以，拥有实力却缺乏智慧的管理者，可能会创业成功，但不能长久守业。因此，每一个领导者、管理者都应该学习、丰富相关理论知识，从而成长为一名具备分蛋糕能力的人，以便能带领自己的团队走得更远。

秦军上将章邯在秦二世二年（前208年）的九月成功渡过黄河，与秦将王离会合后合力击败了赵军，赵王赵歇和赵将张耳被围困在巨鹿城。张耳派陈泽和张黡向北面的陈馀及各诸侯求援，陈馀仅派出5000人马，结果全军覆没，陈泽和张黡战死。此后，诸侯营垒虽多，却无人再敢对抗章邯。

楚国义帝派宋义援救，但宋义在安阳停留了46天，未前进一步。他原本的计划是等秦军和赵军被战况拖得疲乏了再趁乱出击。由于宋义一直拖延，迟迟不发兵，导致安阳战况越发焦灼，一怒之下，项羽把宋义给杀了。于是，义帝便命项羽领导全军，继续开展救援。不久，项羽率军来到巨鹿县南部，要渡过黄河时，他命令在部队全部渡河后，毁坏掉所有的船只和炊具，只随身带着三天的伙食余粮，全然不留退路，义无反顾地冲入敌人的阵营，这也是成语"破釜沉舟"的由来。

项羽的大军没有退路，因此士兵格外勇猛，奋力厮杀，项羽率领军队，屡战屡胜，多次冲破秦军阵线。秦将章邯逃亡后，苏角战死，王离被俘，其他将领或溃散，或投降。诸侯士兵见楚军威势，皆惊恐不已。项羽战胜秦军，解救巨鹿城之困后，与各路诸侯会面，各路诸侯全部跪地向前，无人敢与之对视。自此，项羽一跃成为诸侯们的统帅。

秦军与项羽的军队在棘原对峙。章邯派遣司马欣向秦二世报告战况，却遭到赵高阻挠。司马欣在宫门外等待三天后无功而返。司马欣深知赵高为人善妒，无论结果是胜是败，他与章邯的身家性命只怕都难有善果，希望章邯带领大家走出水火之中。陈馀也一再派人劝章邯投降。在此后的两次交战中，项羽再次取得胜利，章邯终于决定投降，与项羽在殷墟上盟誓。最后，章邯被封为雍王，司马欣被封为上将军。

秦二世三年（前207年），项羽迅速攻占武关，而后攻占咸阳，秦朝灭亡。项羽自封西楚霸王，分封诸侯：刘邦为汉王，秦国降将章邯、司马欣、董翳分别为雍王、塞王、翟王。魏国土地分封给魏王豹、申阳和司马卬，分别为西魏王、河南王和殷王。赵王歇改封为代王，大将军张耳为常山王，其他诸人也都论功封王。但也有人比如陈馀，因未及时随项羽入关而未获封王，因此心中非常不满。

自春秋战国时期起，由于生产方式的变革，国与国之间的道路和交通便捷通畅了许多。原先被山川、河流等自然地理环境因素阻隔的地区逐渐被打通，以往周天子通过分封来稳定统治的方式逐渐失效。然而，项羽的分封行为却让大家回到了战国时期互相厮杀以争夺领地、人口和财富的状态。其中，田荣采取了极端行动反对项羽的分封安排，他杀死了胶东王田市和济北王田安，齐王田都逃到了楚国。田荣随后自立为齐王，控制了整个三齐地区。

陈馀得知旧主赵王歇被封为代王，张耳却得到了常山郡后，感到十分愤怒。他请求田荣协助他反抗项羽，之后便得到田荣军队的支持。张耳自认无法与他抗衡，很快逃跑了，于是赵歇又重新上位，被立为赵王。

项羽分封结束后，以为天下就能太平了。但不久，田荣反叛，于是项羽只好派兵扫荡三齐。击败田荣后，项羽又在齐地推行焦土政策，导致民怨四起。此时，田横又带头继续反抗项羽。同时，刘邦偷袭了彭城，项羽愤怒反击，将其击败。在后续的楚汉争斗中，除少数人外，大部分诸侯均背叛了项羽。

在反抗秦朝的战争中，项羽展现出强大的战斗力和领导力，他消灭了秦军主力，扭转了极有可能失败的战局。但他不能一个人独占胜利，而是按照自己的喜好将土地和财富分给了那些参与起义的诸侯。但殊不知，利益只能平衡，而不能平均。由于分配不公，分封的诸侯很快反叛。在刘邦与项羽的战争后期，郦食其曾提议刘邦也分封土地笼络诸侯，但遭到了张良的反对，刘邦也意识到其中的弊端。因为分封土地后，诸侯会拥有很高的地位，与主封者相等，结果又会导致新一轮的土地争夺。可以说项羽的失败并非其军事能力上的失败，而是组织管理、利益分配方面的失败，创业者尤其要警惕这一点。

　　我们可以从项羽的故事中得到重要的启示："分蛋糕"是一门关乎生存、势力扩张和稳固江山的重要学问。而在现代社会中，不会"分蛋糕"将会严重影响管理者的人才管理和组织的平稳地运行。"分蛋糕"不再仅仅是财富和资源的再分配，还涉及公平公正、机会均等。不懂得如何分配这些，很容易在社会的浪潮中沉沦。分蛋糕的学问不仅要求我们有高深的分析能力和判断力，还需要我们注重人际关系的建立和维护，培养和谐的合作氛围，以便更好地实现资源和机会的公平分配。也只有这样，我们才能够更好地适应现代社会的竞争与挑战，为自己和团队创造更美好的未来。

2.在无人知处默默耕耘

有人说，每一次成功的背后，都隐藏着无数次的不懈努力，付出了无数的血汗和辛劳。的确如此，成功不是一蹴而就的，而是要经历无数孤寂的时光，默默地为目标而努力、奋斗才能达成的。成功不会轻易降临，而是需要我们迈过种种困难和阻碍，还要承受来自方方面面的压力和挑战。那些获得成功，自如掌控局面，谈笑间呼风唤雨、运筹帷幄的人，也往往都会在别人看不到的地方默默付出，细心地计划和执行每一个微小的目标，用心去钻研、实践和完善自己的知识和技能。他们会在困境中寻找机会，在失败中吸取经验，在挫折中重新崛起。因为他们知道，只有通过不断的努力和坚持，才能取得真正意义上的成功。每个成功的背后都有一个故事，一个关于坚持、努力和奋斗的故事。在那个故事中，既有汗水和泪水，也有希望和欢笑。让我们铭记这些成功者的努力，并从他们身上汲取力量，不要放弃追求自己的梦想，勇敢地面对困难和挑战。只有这样，我们才能走向属于自己的成功之路。

　　战国时期，有一个"田氏代齐"的故事。齐国是由辅佐周文王、周武王的姜太公一手创立的，历经数百年的风雨，据统计，其间共在任32位君主，最终被田氏家族所取代。姜氏所统领的齐国，是中国历史上一个重要的诸侯国，实力雄厚。

　　与此同时，田氏家族默默积蓄力量，随着时间的推移逐渐崛起，开始有了与姜氏家族争夺齐国统治权的资格。作为田氏家族的代表人物，田和通过各种手段逐渐削弱了姜氏家族的势力，最终成功夺取了齐国的政权。

　　田和的祖上本叫陈完，原为陈国贵族。由于陈宣公的猜忌，他带着家人逃至齐国。齐桓公要任命他为卿，他却谦虚地拒绝说，作为外国臣子，能在齐国安居已属幸事，不应对高位抱有非分之想。后来，他因齐桓公赐良田给他而改姓田，名为田完。自田完以下，田氏历经五代至田桓子时，田氏已崛起成为国内显赫的贵族，齐庄公甚至还将女儿孟姜许配给了田桓子，田家的势力可见一斑。

　　当时在齐国，除君主吕氏一家外，还有两个具有重要影响力的贵族家族，那就是一直担任上卿的国氏与高氏。这两个家族的人都是姜太公的后代，虽属齐国王室的分支，却是齐国政权稳固的核心力量。若田氏想要取代吕氏称王，就必须压制这两个家族的力量。

齐景公临终之际，委托国夏与高张两位家族首领协助太子荼顺利继位。但田桓子的儿子田厘子与齐景公的另一位儿子阳生交情深厚，因此想要拥立阳生为君。田厘子表面支持国、高二人担任辅政重臣，却在私下里散播关于这两人的负面言论，成功破坏了他俩与其他贵族们的关系。后来，在田厘子的蛊惑下，大夫鲍牧与其他贵族拿着武器冲进了宫廷，意图诛杀国、高二人。这场动乱使得齐国一下子陷入了无主的混沌状态。这时，田厘子从鲁国接回了阳生，并暂时将他安顿在自己家中。随后，他邀请大夫们到自家参加宴会，并让阳生在宴会中现身。这些大夫们见到阳生，纷纷向他行拜见之礼。于是，阳生被立为新的君王。

大夫鲍牧认为自己中了圈套，他非常愤怒地说："你们都忘记景公的遗命了吗？"此时，众大臣又都萌生反悔之意，阳生果断地说道："如果你们觉得我可以胜任国君之位，就继续支持我。如果不合适，那我们就此作罢。"鲍牧衡量形势后，改口道："阳生作为景公的儿子，自然也有资格继承大统。"于是，阳生正式登上皇帝的宝座，成为齐悼公。

自田厘子起始，田氏家族历代执掌相位，对齐国的君权和影响力造成了严重的威胁。名臣晏婴曾有预言，说将来田氏会取代吕氏，成为新君。齐景公询问应对之策，晏婴认为要用"礼"来约束。即，一方面加强管理，严禁官员以公济私。另一方面，只允许在官员自己的采邑里给百姓施恩，而不能在国君的土地上放肆。但齐景公为人一向奢靡，他连自己都约束不好，又如何要求臣子们自律呢？

大夫鲍牧虽同意齐悼公登上皇位，但二者的关系终究有些微妙。后来，鲍牧杀了齐悼公，贵族们又辅助悼公的儿子上位为国君，是为齐简公。

齐简公刚一上位就下诏任命，由田厘子的儿子田成子和监止分别担任左、右相——在当时，这可是齐国的重臣。监止的同族子我，对田氏的掌权感到不满，计划诛杀田成子。子我将这个计划告诉了田成子的远亲田豹，并表示在诛杀成功后，要让田豹继承田成子留下的权力。田豹听到这个消息后，立即报告给田成子。于是，田成子立刻着手反击，将子我与监止一同诛杀。

田成子深知自己的行为很有可能引起诸侯们的不满，因此他积极采取措施以重建诸侯的信任。他主动归还了齐国所侵占的鲁国和卫国的土地，并与晋国的韩、赵、魏三家大夫正式结盟。这些措施使他在诸侯中赢得了良好的声誉。此外，田成子还积极扩张自己的封地，使其地盘甚至超过了国君的领地。

齐康公吕贷继位后，沉溺于酒色，导致其道德威望持续下滑。在位14年间，彻底纵容田氏家族掌握齐国大权。田氏首领田和将齐康公迁至海滨，仅给予他一座小城作为食邑。齐康公十九年（前386年），周安王正式承认田氏的地位，同意其取代吕氏。

田氏取代齐国共历经十代，耗时286年。从流亡贵族到一国之君，田氏家族的毅力与手段堪称古代政治史上的奇迹。他们一代又一代朝着同一目标迈进，展现了罕见的坚韧与勇气。有时候，我们付出的努力立刻就能获得回报，但这种回报往往十分微小。古往今来，越是大筹谋，就越需要付出常人所不能付出的努力，忍耐常人所不能忍耐的寂寞。因此，只有拿出蚂蚁搬山的态度和气概，于无数的暗夜里静待第一缕霞光的到来，在无人知处默默耕耘，才会浇灌出别样的花朵，描绘出一幅幅属于自己的春天画卷，拥有一番不同寻常的成就与伟业，成为一名优秀的控局者，善于在善变的时局中运筹帷幄，自如地掌控自己的人生。

3. 细节决定成败

　　《道德经》有云："天下大事，必作于细。"这句话的意思是：这天底下凡是要成就大事都是从细微处开始一步一步做起来的，即小事串成大事，细节铸就完美。小细节会造就成功，也会导致失败。因此，一个人想要成就事业，就一定要顾及不起眼的小事，要从细枝末节处入手，因为任何一个细小的事情，都有可能导致结果南辕北辙，出现巨大的变化。其实，成功本就是一件又一件的小事、一个又一个的小细节串联起来的，小事不认真、不做好，往往也做不成什么大事。任何一个人的成功，都不可能一蹴而就，细节既能促成成功，也能导致失败，甚至令人毁灭。

　　赵王武臣，最初是陈胜的得力部下。陈胜和吴广起义后成功建立了张楚政权，武臣被提拔为将军，并让邵骚出任护军，张耳和陈馀分别担任左右校尉，带着3000余名兵将进攻赵地。武臣从白马津渡过黄河时，发布了一份檄文，描述了秦国的暴政和百姓的困苦。武臣还说，陈胜已建立张楚政权，天下英豪们，奋力一搏吧，如今是该建功立业的时候了。

武臣的檄文犹如一团烈火点燃了民众反抗暴政的热血，无数的民众立即响应，拿起武器，投身到了反抗的队伍中来，部队迅速壮大，很快至数万人之多，迅速攻占了赵地十几座城池。虽然赵地的很多地方已被攻克，但仍有一些地方的秦国军兵在负隅顽抗。面对这些守军，武臣并未采取强攻之策，而是采取了蒯通的建议。即投降献城者，立即授官，若不降，破城后将毫不留情地斩尽杀绝。由此，未费一兵一卒就得30余座城池，这时的武臣勇猛、聪慧，又能听取他人建议，因而建立了不凡的功业。

前209年，武臣攻占邯郸，自立为赵王，脱离了陈胜的起义军，也不再听命于他。陈胜十分愤怒，想要攻打他，但谋士房君建议先认可武臣，以避免过多树立新敌。上行下效，武臣自封为王后，他的部下韩广也在燕地称王，武臣一听说这个消息就勃然大怒，命张耳去抓韩广，结果韩广没抓到，武臣自己却成了燕国的俘虏。韩广要求赵国割地以换取武臣，张耳、陈馀多番努力，尝试用外交政策来救回武臣，但都没有成功。在韩广处死十几个赵国使者后，张耳和陈馀也无计可施了。此时，一个不知姓名的勤务兵自告奋勇要求去救赵王，这个小兵到了燕国后，告诉燕将说：张耳、陈馀实际上希望燕国杀掉赵王，这样他们正好可以平分原来的赵国土地，还可以借复仇之名进攻燕国。一个赵王已经令燕国头疼不已，两个王的夹攻更会使燕国面临巨大的威胁。燕国君臣听完这番分析后，心理防线彻底崩溃，立刻释放武臣。

后来武臣派遣李良去攻取常山，占领之后，武臣又命令他去夺取太原。当李良率军抵达石邑的时候，迎面撞上了秦国大将王离的军队，他们已经封锁了井陉关，李良因此受阻，无法前进。王离是名将之后，他的祖父王翦、父亲王贲都是秦国的重将。他给李良送去了一封劝降信，信中以秦二世胡亥的名义，承诺赦免李良的反叛之罪，并赐予高官厚禄。但是，李良没有相信，也没有作出回应，而是选择返回邯郸，计划向赵王武臣请求增援后再战。

李良在返回邯郸，走到城外时，看到一队车驾，呼声震天，很是威风，误以为是赵王，于是下跪求见，行重礼参拜，但是车里的人没有下车答谢，只是派了一个小吏过来致谢，李良和小吏一番沟通后，才知道车里坐的不是武臣，而是武臣的姐姐。她酒喝得太多了，并不知道是谁在向她参拜。但按照当时的礼仪，以李良的威望，比李良地位高的人，也需要下车谢礼。李良感到受辱，马上就怒形于色，在属下的怂恿下，李良头脑一热杀掉了赵王的姐姐。待清醒后，他意识到，不论怎么说自己的行为都已经构成了谋反，于是决定突袭邯郸，他成功地杀死了赵王和左相邵骚，但张耳和陈馀逃走了，之后，张耳和陈馀重组将士，将李良打败，最后李良投降秦将章邯。

赵王武臣的后半生，就是不断作死的后半生。他犯下了与陈胜类似的错误，不顾及细节，胸襟不够宽广，又不能有效地约束自己的亲属。在为陈胜效力的过程中，他没有切身体会到陈胜的失败教训，也没有对自己的行为进行深刻反思。陈胜起事的团队就像一个充满朝气的创业团队，随着事业的不断壮大，团队内部的矛盾逐渐显现，成员开始各自追求独立的发展。武臣自己也被功名和虚荣心所蒙蔽，忽略了提高修养的重要性，沉迷于对权力虚无的追逐中，而压死骆驼的最后一根稻草竟然源于姐姐醉酒误事，这个小细节直接导致赵王武臣丢掉王位，还送了命，这个代价实在是太巨大了。

赵王武臣的故事给我们上了深刻的一堂课，细小的环节不容忽视，正是小细节构成了我们人生的点滴，决定了我们的职业发展和个人前进的方向。我们的言行举止、行为表现以及对他人的影响力都在细节中得以体现。因此，我们每个人都要关注细节并将这一准则纳入我们的日常决策和行动之中，只有带着更严谨的生活态度，才能赢取真正的、巨大的人生成就。

4.以弱胜强是一种能力

    在漫漫历史长河中，有很多弱者被强者、敌人嘲笑和忽视的故事。但不是在每一个故事里弱者都会被强者战胜。有的人就曾依靠勇气和智慧，书写了以弱胜强的传奇华章。这些故事中的主人公有的军队力量不足，有的武器简陋，有的需要与强大的势力对抗，有的甚至身处绝境，但他们从容而智慧地应对挑战，最终以卓越的智谋和勇气战胜了强大的对手。他们中有的人懂得隐忍，暗暗积蓄力量，厚积薄发，有的人踏实肯干、注重实际，不服输、不服气，终于等来反击的机会。因此，我们或许弱小，但我们仍然有可能像这些人一样以弱胜强，这种能力也会激发出我们的信念，激励着我们面对挑战，无所畏惧，勇往直前。

    前633年，晋文公为稳固其霸权，对军事系统进行了改革。他精心设立了中、上、下三军，每支军队均配备将领和副将各一名，这六名将领和副将的职位是世袭的，被尊称为"六卿"。

待到春秋末期，六卿彼此间的兼并越发激烈，只剩下赵、智、韩、魏这四家。他们实力雄厚，不管哪家上台，都有能力架空晋国的国君。前493年，晋国执政者智文子荀跞病逝，中军佐赵鞅凭借自身的深厚影响力，顺利接任其位置成为正卿。此后，他执政17年，被世人尊称为"赵简子"。赵简子执掌大权后，立即将晋国的军事、政治、外交及司法大权都逐一收回自己的手中。

赵简子深知，欲成大事，必须有堪当大任的继承人，因此一直十分重视几个儿子的教育问题。有一次，他召集儿子们训话，并将寄托之意、修身之语书写于木牍之上，赠予他们，希望其作为座右铭，勤学不辍。待到三年后，赵简子又再次召集儿子们，挨个考察。有的儿子能少量记得木牍上的理论，有的却忘得一干二净，长子伯鲁甚至不知木牍在哪，令赵简子大失所望。然而，轮到庶子赵毋恤时，他却能倒背如流。赵简子见状，内心大喜，对这位庶出之子也越发看重。

赵毋恤，身为赵家的庶子，按当时的继承法，本是无资格继承家业的。但是他性格内敛且坚毅，与那些纨绔子弟截然不同，反倒对看书、做学问有着深厚的热爱。

又有一次，赵简子召集了所有的儿子，说："我藏了一件宝物在恒山上，看看谁能找到，我肯定重重赏赐他。"几个儿子一听，立刻骑上马，率领自家奴仆朝恒山飞奔而去。直到夜幕降临，几个儿子都空手而归。赵简子问他们是否找到宝物，他们都表示一无所获。此时，早已回来的赵毋恤却说："我找到宝物了。"赵简子问道："宝物在哪里？"赵毋恤回答说："凭借恒山的险要地势，可以进攻代国，进而扩大赵国的版图。"赵简子听后大感震惊，他看着这个年幼的儿子，没想到他竟有如此深远的战略眼光。于是，他废掉了原来的伯鲁，立赵毋恤为世子。赵简子去世后，赵毋恤顺利继承家业，世人尊称他为"赵襄子"。

按照递补顺序，智伯瑶被任命为晋国的正卿，智氏家族重新掌握了国家大权。在成功执掌政务后，他向韩、赵、魏三家的首领提出："每家都应向公室贡献一万户，以巩固其地位。"韩康子与魏桓子虽然明知智伯瑶是在为自己谋取利益，但智氏家族的势力强大，他们不敢违抗，只好从命。可是赵襄子却拒绝了这一要求，智伯瑶便联合韩、魏两家共同攻打赵氏。赵氏无法抵挡三家联军攻势，只能不断撤退，最后，赵襄子撤回到了晋阳。

晋阳城高池深，储备丰足，但是赵军的弓箭消耗迅速，难以持久防御。此时，一位家臣向赵襄子献策道："我闻听先主公在修建晋阳宫殿时，曾用荻蒿荆条筑墙。现在要不要拆开查看一下？"赵襄子当即下令拆墙，发现了大量荻蒿荆条，可以用于制作箭杆。赵襄子非常高兴，又忧虑道："那现在制作箭镞的材料又该怎么办呢？"家臣答道："先主公当年修建宫殿时，曾铸铜柱无数，现在可以一并拆下熔化，用以制作箭镞。"赵襄子听后立刻下令照办。

晋阳城被围困三年，未被攻破，但赵襄子总归是寝食难安。一天，赵襄子的家臣张孟谈自请出城，要策反韩康子和魏桓子。

到了晚上，张孟谈悄无声息地拜见了韩康子与魏桓子，邀之共谋反击智伯瑶的大计。一开始二人还犹豫不决，张孟谈晓之以利害后，他们终于决意反击。次夜三更时分，智伯瑶从梦中惊醒，发现营帐外杀声震天，又看见营帐内水流滔滔，误以为是大坝溃堤，急忙命令士兵堵水。一出帐门，发现韩、赵、魏三家联军在驾着船攻击自己落水的士兵。原来韩、魏联手用水淹了智伯瑶的军营。智伯瑶还没来得及反抗，就被擒获处死了。后来，三家联军彻底剿灭了智氏全族，瓜分了原属于智氏的地盘。至此，赵襄子以少胜多，打了一场漂亮的胜仗，还为后代子孙开创更光明的未来，蓄力基业，助力他们成就了一番王业。

　　现如今，社会竞争激烈，以弱胜强的能力尤为重要。无论是个人还是组织，都可能面临来自强大对手的挑战，陷入艰难的处境。但是，再弱小的力量，也蕴含着无限的潜力和机会。在这个快速变化的社会中，仅仅依靠实力和资源是不够的，还需要远见和洞察力，及时抓住机遇，并且用智慧和勇气直面挑战。要手段创新、灵活应对，找到竞争中的己方优势。同时，要不断提升自己的能力，积极寻求合作与联盟，集结更多的智慧和力量，攻克难关。只有这样，才能以弱胜强，越过重重困难，创造出更加辉煌的未来。

5. 遇见强者更要以智慧取胜

在人类漫长的历史长河中，总会时不时地出现强者，他们拥有力量，给人们带来挑战和压力。我们都有过面对强者的经历，其实，在面对强者时，我们不应因恐惧而退缩，而是应该以智慧来应对，从而谋求胜利。那么如何能成为一个有智慧的人呢？首先，要坚持不断学习，开阔视野，积极涉猎更广泛的知识领域。其次，要培养自身对事物进行认真分析和思考的能力。再次，要善于倾听他人的观点，集众家之所长再做结论。最后，要保持冷静和理性，面对突发事件也不要惊慌，要在冷静地分析自己和对方的优劣势之后，有条理地解决问题。

以智慧取胜不仅能够给个人带来成功，还能推动社会的进步和发展。所以，就让我们在与强者的碰撞中展示出我们的智慧与能力，以智谋胜。

赵佗，河北正定人，秦朝时曾出任南海郡龙川县令。秦朝末期中原动荡，赵佗封锁了通往岭南的通道，清除了当地的秦朝官员，任用自己的亲信，建立了南越割据政权，自封为南越武王。

汉高祖十一年夏天（前196年），刘邦计划要处理赵佗这个"问题人物"。大夫陆贾自荐要劝服赵佗，刘邦欣然应允。陆贾来到番禺后，赵佗故意打扮成当地人的样子接待他，态度还很傲慢。陆贾说："你原为中原人，现在背离中原身份，不顾念宗庙和族人，选择这样一个弹丸小地与中央政权对抗。要与圣上争天下的人有很多，西楚霸王项羽都失败了。现在，大臣们都在劝说皇帝来征讨你，只是皇帝不愿意看到生灵涂炭，希望你三思，不然会引得家族毁灭。"

赵佗被陆贾的话吓出一身冷汗，因为陆贾清晰地讲明了与汉王朝对抗的后果。虽然害怕，但赵佗仍然表现得进退有度。他立刻向陆贾道歉，并说因在蛮夷之地久处，而生疏了中原礼仪，还请原谅。赵佗表示愿意接受汉朝诏书和印绶，成为其藩属国。由于距离等问题，汉朝无法直接管理南越，虽然赵佗选择了示弱，但实际上南越仍由赵佗统治。

高祖死后，吕后开始执政。汉朝与南越的关系逐年恶化。汉在经济上封锁南越，禁止向其出口铁器和部分生活用品，而在军事方面，命隆虑侯周灶带兵征讨。但汉军不适应南方的酷热，感染了瘟疫，因而拖延了战事。赵佗知道周灶是名将，不易战胜，故而求和。第二年，吕后去世，周灶撤军，因此战争并没有真正爆发。后来，他先是压制了东边的闽越国，又对西边的西瓯展开控制，一时间竟风光无限，再后来，赵佗彻底放飞自我，自称"南越武帝"，过足了皇帝的瘾。

汉文帝刘恒登基后，并没有立即派兵攻打南越，而是派出了陆贾前去游说，并带去一封被后世称为《汉文帝赐南越王赵佗书》的信件。信中简洁明了地表达了两层核心意思：首先，汉文帝已经妥善处理了赵佗祖坟，并善待其族人。其次，他期望赵佗能够遵守约定，对汉称臣。赵佗主动表示愿意重新归顺天朝，不仅每年进贡，更表示要永远自称为臣，成为大汉的藩属国，同时给汉文帝写了一封亲笔回信，大意如下：

第一点，赵佗将与汉朝交恶的责任归咎于吕后，声称自己作为外臣，在汉高祖和汉惠帝时期都与汉朝保持着良好关系。然而，吕后被小人蒙蔽，听信他人的谗言，对南越进行经济封锁，不售卖金属物件和铁器给南越，售卖的马、牛、羊只有公的，而不卖给他们母的，导致南越的牲畜无法繁殖，哺育下一代。想来这是自己祭祀不周，上天怪罪，因此派官员出使汉朝谢罪，但汉朝却扣留了他们。后来又听说自己的祖坟被刨，族人被杀，因而怀疑长沙王挑拨自己与汉廷的关系，这才出兵攻打长沙国。赵佗通过这种方式撇清自己进攻长沙国的罪名，将责任转嫁给了吕后。

第二点，赵佗提到他统治了上百座城市，东西和南北的距离有千万里，能指挥的甲士有上百万人。但他自称为帝，只是在自娱自乐而已，实际上是向大汉称臣。他不敢背弃先祖，这里的先人指的是他的父母和汉高祖刘邦。也是在告诉汉文帝，在军事上，他有反抗的资本；在道义上，只要文帝保护好自己家的祖宗坟墓，给他族人以善待，并继续承认他的地位，他就不会有不臣之心。

第三点，赵佗在南越已49年，如今已是抱孙子的老人，但因无法侍奉大汉，他过得食不安寝不眠。现在他愿意主动放弃帝号，恢复原本的称号，并且送上了价值不菲的礼物清单，希望能与朝廷恢复高祖时期的互通往来。

赵佗虽然示弱，但并不退让，只是以示弱实现利益的最大化。这次出使的结局也是皆大欢喜，陆贾带着令人满意的答复给汉文帝复命，因其成功出使南越还受到了文帝嘉奖。而赵佗在南越一直活到汉武帝建元四年（前137年），是古代极其少见的长寿人物。

在现代社会，我们常常遇到各种强者。无论是大企业、政府，还是技术领域的巨头，强者总是能以其资源和优势遥遥领先。虽然强者拥有财富和权势，但弱者运用智慧找到其隐藏的致胜机会，善加利用可扭转败局。所以在面对强者时，我们要知道智慧是战胜强者、应对挑战的有效武器。以智慧取胜不仅是个人的选择，也是社会的需要。因此，我们要倡导公平竞争和合作共赢的理念，通过智慧和合作解决面临的挑战。